INSTITUT INTERNATIONAL DE STATISTIQUE

IX. SESSION. BERLIN 1903.

Rapport sur la Contribution

que peut apporter la Statistique financière à l'étude des Phénomènes sociaux, politiques, économiques et juridiques

présenté par

M. Fernand Faure

Berlin
Imprimerie Julius Sittenfeld
1903

Introduction.

Qu'il s'agisse d'expliquer les phénomènes Sociaux en les rattachant les uns aux autres soit pas un lien de causalité, soit par un simple rapport de succession ou de coexistence, — qu'il s'agisse de fonder la science de ces phénomènes ou de préparer des mesures destinées à les modifier en vue d'atteindre un but déterminé à l'avance, tout le monde admet aujourd'hui que l'observation scrupuleuse et méthodique des faits est le point de départ et le point d'appui nécessaire de toute affirmation doctrinale non moins que de toute réforme politique ou économique sérieuse.

Non que la divergence des opinions et la contradiction des systèmes se soient le moins du monde atténuées. L'accord sur la méthode ne nous a pas encore conduits à l'accord sur les doctrines. Il est probable qu'il ne nous y conduira jamais. Mais il n'en faut pas moins considérer comme un progrès des plus appréciables, comme un élément de rapprochement fécond entre tous les esprits de bonne foi, l'adhésion de plus en plus générale donnée à cette idée: que la méthode d'observation est, par excellence, la méthode qui convient à toutes les études dont les phénomènes Sociaux peuvent être l'objet.

Le développement de la Statistique est incontestablement du, en grande partie, au besoin d'informations précises et abondantes qui caractérise notre époque et qui s'impose aux hommes d'Etat dignes de ce nom comme à tous les véritables savants. C'est pour y obéir que tous les Gouvernements, dans tous les pays civilisés du monde, n'ont cessé, au cours du XIXème siècle, de multiplier et d'élargir les applications de la Statistique tout en perfectionnant ses procédés.

Si remarquables, toutefois, que puissent être les progrès accomplis, ceux qui nous restent à réaliser sont, sans doute, plus grands encore. Des faits sociaux très nombreux et très importants échappent plus ou moins complète-

1*

ment à la Statistique. Et, pour beaucoup de ceux qu'elle atteint, ses données sont encore souvent si incomplètes ou si obscures qu'elles sont ou inutilisables ou trompeuses.

C'est ainsi, pour ne citer qu'un ou deux exemples bien connus, qu'on n'est arrivé, jusqu'ici, dans aucun pays, à recenser régulièrement et à évaluer, avec une précision satisfaisante, les biens qui constituent la fortune nationale, et qu'on est obligé de se contenter d'évaluations purement conjecturales dont le moindre défaut est de varier, suivant le tempérament de ceux qui les font, de plusieurs milliards pour les revenus, de plusieurs dizaines de milliards pour les capitaux.

C'est ainsi que la plupart des phénomènes par lesquels s'opère, dans un pays, la circulation et la répartition des richesses, c'est à dire la masse des actes juridiques si variés et si nombreux qui servent à faire passer les biens d'une main dans une autre semblent se dérober presque entièrement à un dénombrement quelconque.

Aussi bien, quelles sont les conséquences naturelles d'un pareil état de choses?

C'est que les Economistes sont condamnés à asseoir toutes leurs théories de la Circulation des richesses sur l'observation sommaire et superficielle de deux ou trois faits tels que l'échange primitif ou le troc, l'échange avec le secours de la monnaie ou du crédit. Tels qu'ils sont décrits par la plus grand nombre d'entre eux ces faits sont à une distance infinie de la réalité objective. Ils ressemblent beaucoup plus à des hypothèses ou à des notions abstraites qu'à des phénomènes réels. Comment des théories élaborées dans ces conditions ne risqueraient elles par de rester vagues, incertaines et sans portée?

Quant aux Juristes, ils étudient les phénomènes de la circulation des richesses comme ils étudient tous les autres phénoménes du droit. Ils restent obstinément fidéles à la tradition séculaire qui les enferme dans un point de vue purement scolastique. Ils se résignent très aisément à n'être jamais renseignés sur l'importance des contrats ou des dispositions par lesquels le patrimoine des particuliers se modifie ou se transmet. Ils s'intéressent également à tous par cela seul qu'ils sont prévus et réglementés par les textes de nos codes. Ils se gardent bien d'essayer de les distinguer et de les classer suivant qu'ils sont très nombreux ou très rares, suivant que les capitaux qu'ils mettent en mouvement se chiffrent par milliards, par millions ou par milliers de francs, suivant qu'ils répondent à un besoin profond et permanent de la vie sociale ou qu'ils restent à l'état d'accident superficiel ou passager.

Quelles sont, encore, au juste, aujourdhui, les lacunes de notre Statistique Sociale? Quelle en est l'étendue? Pourquoi existent elles? — Quels en sont les fâcheux effets? Comment pourrait-on parvenir à les faire disparaître peu à peu? — Ce sont là de vastes et difficiles problèmes que nous n'oserions pas aborder ici. Nous nous bornerons à remarquer, en passant, que leur solution est, à tout prendre, le but essentiel, le but presque unique de tous les savants travaux, de tous les efforts persévérants de l'Institut international de Statistique, et qu'il appartiendrait peut être aux collègues éminents qui forment notre Bureau d'en provoquer, un jour, l'étude d'ensemble sur un programme étudié et préparé par eux.

Nous voulons simplement, sous le titre donné au présent rapport, examiner la question beaucoup plus modeste de savoir si toutes les sources de renseignements statistiques que nous possédons, en France, notamment, sont suffisamment connues de ceux qui pourraient et qui devraient les mettre à profit. C'est bien le moins qu'avant de chercher à développer et à compléter les Statistiques existantes nous sachions les utiliser pleinement.

Cette question s'était déjà posée pour nous, dès 1894 et 1895, à l'occasion de l'étude que nous avons entreprise, dans notre Cours de Statistique à la Faculté de Droit de Paris, des caractères particuliers, des conditions et de la portée propres de la Statistique financière. Mais elle s'est imposée tout à fait à notre esprit, quand nous avons eu, pendant cinq ans et demi, à partir de 1896, la charge non plus seulement de disserter dans une Chaire sur la Statistique financière mais de la préparer et de la faire établir, en qualité de chef de l'un de nos plus grands services financiers de France, quand nous avons du la consulter non plus seulement en théoricien, mais en homme d'action chargé d'appliquer ou de réformer les lois dont elle nous fait connaître le fonctionnement et les résultats.

A mesure que nous avons pratiqué davantage nos Statistiques financières françaises, nous avons découvert comme une sorte de mine, ignorée mais précieuse, d'informations intéressantes sur un nombre très considérable de faits qui, pour n'être qu'accessoirement l'objet de ces statistiques, n'en sont pas moins relevés par elles avec des garanties d'exactitude que seraient loin d'offrir des enquêtes directes mais étrangères à la préoccupation fiscale. C'est cette constatation qui nous faisait dire, s'il est permis de se citer soi même, en terminant notre seconde communication sur la Statistique fiscale des valeurs mobilières, présentée à la dernière Session de Budapest: «On ne peut trop insister sur l'intérêt qui s'attache au perfectionnement de nos Statistiques fiscales en général. Ce sont ces statistiques, en effet, qui permettent de dresser avec le plus de certitude de bonnes Statistiques économiques. Sans la fiscalité il n'y aurait pas de Statistique sérieuse des valeurs mobilières». Et nous ajoutions: «Il y aurait une curieuse étude à faire sur les services que la fiscalité peut rendre à la Statistique. Ce pourrait être là un de nos sujets d'entretien dans notre prochaine Session».

Nous sommes heureux d'avoir pu, par ces observations que notre honorable Président, Mr. Inama, nous a très obligeamment rappelées en temps utile, contribuer à l'inscription de ce sujet au programme de notre IXème Session et nous nous félicitons tout particulièrement d'avoir l'honneur de le traiter devant l'Institut en la compagnie de nos savants collègues, de Foville de Paris et le professeur Adolf Wagner de Berlin.

Quelle est la nature, la portée et la valeur des services que la Statistique financière peut rendre à l'étude de l'ensemble des phénomènes Sociaux et spécialement des phénomènes politiques, économiques et juridiques? —

Cette question appelle et comporte une double réponse. Une réponse théorique, d'abord, et, ensuite une réponse empruntée aux faits eux mêmes ou, d'ordre pratique.

Nous donnerons la première en essayant de définir la Statistique financière — de déterminer son objet, son domaine, — de caractériser sa méthode.

Nous donnerons la seconde à l'aide d'exemples empruntés à la Statistique financière de la France. Nous ne chercherons plus à démontrer, par le raisonnement, l'utilité de cette Statistique, nous la ferons apparaître par un certain nombre de tableaux que nous avons extraits de nos Statistiques officielles. Ce sera la preuve du mouvement par le mouvement lui-même.

Ière Partie.

La Statistique financière; — son objet; son domaine; sa méthode.

Pour pouvoir apprécier et mesurer les Services qu'il est permis d'attendre de la Statistique financière dans l'étude des phénomènes Sociaux, il faut commencer par dire ce qu'elle est, en quoi elle consiste, quel est son objet, son domaine, son mode d'établissement.

On donne quelquefois de la Statistique financière la définition suivante; Elle est, dit-on, tout simplement: «le dénombrement méthodique de tous les faits financiers».

Cette définition est trop simple pour nous avancer à grand chose. Elle a d'abord, comme nous le montrerons, par la suite, le défaut grave d'être incomplète, c'est à dire, en réalité, inexacte. De plus, elle ne nous dit pas ce que c'est qu'un fait financier. Et c'est là ce qu'il importe grandement de savoir. Pour que la définition de la Statistique financière puisse nous éclairer, il faut la faire précéder de la définition du phénomène financier.

Si les définitions sont parfois trop nombreuses[1]) et si on éprouve l'embarras de choisir entre elles, ce n'est assurément pas à propos du phénomène financier que cet inconvénient existe. La grande majorité des Economistes, des Economistes financiers comme des autres — ne parait avoir jamais éprouvé le besoin de le définir. D'où une terminologie flottante et vague qui n'est pas sans amener de l'incertitude et de l'incohérence dans les idées elles-mêmes.

Parmi les trop rares Economistes qui ont essayé de définir l'un des objets principaux de leurs études, nous avons plaisir à citer notre excellent collégue et ami, Mr. A. Neymarck. Voici, en effet, ce que nous lisons dans l'utile recueil de définitions qu'il a publié, en 1898, sous le titre de *Vocabulaire*

[1]) On sait, par exemple, qu'une centaine de définitions différentes de la Statistique ont été données depuis le milieu du 18ème siècle.

Manuel d'Economie politique (p. 180): «Finances: on appelle finances publiques l'ensemble des ressources ordinaires ou extraordinaires dont l'Etat dispose.»

Pourquoi faut-il que nous ne puissions trouver là la définition que nous demandons? Si respectable que soit, pour nous, la doctrine d'un financier des plus compétents doublé d'un maître de la Statistique, nous ne pouvons nous rallier à la conception vraiment trop étroite que révéle sa définition.

Les finances et les faits financiers ont beau être très étroitement liés, les premières ayant les seconds pour éléments constitutifs nécessaires, ce sont pourtant deux choses bien distinctes et qui ne peuvent pas être confondues. Il conviendrait donc de les définir distinctement. Or, Mr. Neymarck n'a défini que les finances. Et il l'a fait de telle sorte qu'il est impossible de découvrir dans sa définition la notion du fait financier.

Il semblerait, à l'en croire, qu'il n'y ait de «finances» que là où il existe des «finances publiques». N'y a-t-il pas également les finances privées? Comme l'Etat, les départements, les communes, les particuliers n'ont-ils point leur budget et leurs finances dans lesquels on rencontre des faits financiers fort intéressants à observer et à étudier? Et les finances publiques elles mêmes, Mr. Neymarck les restreint aux «ressources» de l'Etat. Et les dépenses de l'Etat, lui demanderons nous, ne sont elles pas une contre-partie naturelle et inséparable des ressources? Comment, à ce titre, pourrait on ne pas les comprendre dans les finances publiques? Au fond, d'ailleurs, ni les ressources ni les dépenses de l'Etat ne constituent à elles seules les finances publiques, ce qui les constitue, ce qui permet de dire que leur situation est bonne ou est mauvaise, c'est le rapport existant entre les ressources et les dépenses.

Ne pouvant emprunter une définition à ceux qui ont traité avec le plus d'autorité de la Science financière, nous nous permettrons d'en proposer une. Elle nous est inspirée pas l'étymologie même et par l'histoire du mot Finance (v. Littré-Dictionnaire de la Langue Française. V° Finance). Le mot Finance vient de *finant*, participe présent du vieux verbe *finer* qui veut dire finir. Il y a là une idée de fin, de terminaison, qui a amené peu à peu l'emploi de ce mot toutes les fois qu'il s'agissait de payer une dette. Payer une dette, c'est l'éteindre, c'est y mettre fin, c'est terminer une opération. Et, comme le payement d'une dette se fait toujours par le versement d'une somme d'argent, l'idée de l'argent s'est naturellement associée à celle de fin dans le mot Finance. Si bien que Financer est devenu synonyme non seulement de verser une somme d'argent pour se libérer, mais de verser une somme d'argent, même s'il s'agit, par exemple, de la prêter et par conséquent de faire naître au lieu d'éteindre une créance. Il finance, le débiteur qui paie sa dette. Il finance également, le prêteur qui verse le montant de son prêt. Et c'est ainsi que l'on est arrivé à employer le substantif «finance» et l'adjectif «financier» toutes les fois qu'il s'agit d'une créance et d'une dette, d'une rapport de doit et d'avoir et, plus généralement, d'un maniement et d'un emploi quelconque de somme d'argent.

Dès lors, voici comment nous définirons le phénomène financier. Nous donnerons ce nom à: tout versement de somme d'argent par lequel s'augmente ou se diminue ou simplement se modifie, dans sa composition, le patrimoine d'un particulier ou d'une collectivité. Il est à peine besoin d'ajouter que l'argent peut être représenté, dans le phénomène financier, non seulement par les billets de banque, mais par tous les titres fiduciaires et spécialement par les valeurs mobilières. Ces titres et valeurs ne sont que des équivalents de sommes d'argent. Nés d'un fait financier, ils sont, durant tout le cours de leur durée et de leur service, enchainés à des faits financiers.

Trouvera-t-on cette formule trop limitée, trop étroite et insuffisante? Nous demandons qu'on la mette à l'épreuve, en passant en revue toutes les opérations qui se rattachent à la gestion des finances soit d'une collectivité soit d'un particulier, et que l'on nous dise s'il s'en trouve une seule ne rentrant pas dans les termes de notre définition.

Est ce que, par exemple, toutes les recettes de l'Etat, ordinaires et extraordinaires, ne donnent pas lieu à des versements de somme d'argent? versement par le contribuable qui paie l'impot, versement par celui qui souscrit aux emprunts de l'Etat, versement par l'acheteur des produits du domaine, versement par celui qui fait une libéralité à l'Etat, versement par celui qui, après une guerre malheureuse, subissant la loi du vainqueur, lui paie une indemnité de guerre. De même pour les dépenses. Toutes celles de l'Etat comme celles des particuliers, à de rares exceptions près, se soldent par des sommes d'argent. Et entre la réalisation des recettes et celle des dépenses, toute l'administration et toute la gestion des finances publiques, la circulation incessante entre les divers agents de l'Etat des milliards que lui procurent ses recettes, tout cela ne suppose-t-il pas des versements de somme d'argent, des comptes de créancier à débiteur? — Enfin, qui pourrait contester le caractère financier, suivant les termes de notre définition, des dépôts dans les Caisses d'Epargne, des remboursements opérés par celles-ci, des versements faits à la Caisse des retraites pour la vieillesse ou aux Caisses d'Assurance, des paiements de pensions ou d'indemnités par ces Caisses, des constitutions et des remboursements de cautionnement? —

Et, non moins que les finances publiques, les finances privées pourraient nous fournir de nombreux exemples venant justifier notre définition.

Nous ne saurions trop insister sur l'intérêt que présentent ces finances trop négligées par les statisticiens et par les économistes. Nous estimons qu'en ne les soumettant à aucune investigation, à aucune observation, en ne nous livrant sur elles à aucune étude, nous laissons subsister dans nos travaux une grave lacune. Elles diffèrent, sans doute à certains égards, des finances publiques. On n'y retrouve pas tous les faits que l'on rencontre dans celles-ci, notamment les recettes provenant de l'impot. Et, inversement, on pourrait y découvrir des opérations qui n'existent pas dans les finances publiques. Mais ces différences ne portent que sur la forme et non sur le fond. Les faits qui constituent les finances privées sont exactement de la même nature que les faits constitutifs des finances publiques. Leur état, comme celui des finances publiques est déterminé par un rapport entre des créances et des dettes, entre des recettes et des dépenses, créances et dettes, recettes et dépenses supposant presque toujours un mouvement de somme d'argent. De même que dans l'organisation des finances publiques, il y a des services et des agents qui ont pour fonction exclusive de faire des opérations financières, il y a des particuliers qui se spécialisent dans des professions exclusivement financières. Ce sont les banquiers. Toutes les opérations de banque sont des faits financiers, parce que toutes se résolvent par une prestation de somme d'argent. On sait l'importance qu'elles ont prises, de nos jours, dans la vie nationale de tous les peuples, depuis qu'elles ont passé, en grande partie, entre les mains de puissantes sociétés anonymes par action.

Ayant ainsi défini les faits financiers, il ne serait peut être pas sans intèrêt de les classer dans un certain nombre de catégories distinctes. Mais cela nous entrainerait en de trop longs développements et nous préférons nous borner à dire quelques mots de l'une seule de ces catégories, de la catégorie des phénomènes fiscaux.

Pour beaucoup de personnes, phénomènes financiers et phénomènes fiscaux seraient des phénomènes identiques désignés par deux expressions différentes mais parfaitement équivalentes. D'où il suivrait que Statistique fiscale et statistique financière seraient également des expressions synonymes. C'est là, croyons nous, une erreur. Les phénomènes fiscaux et les phénomènes financiers ne se confondent pas. Ils se distinguent les uns des autres comme la partie se distingue du tout. Les phénomènes fiscaux sont, à coup sûr, des phénomènes financiers, mais il s'en faut de beaucoup que ceux-ci soient tous des phénomènes fiscaux.

Le sens exact du mot fiscal, comme celui du mot finance, nous est donné par son origine étymologique. Il vient de *fiscus*, panier dans lequel les collecteurs d'impôt, à Rome, plaçaient l'argent par eux reçu. C'est pourquoi fiscal et fiscalité s'entendent de tout ce qui se rattache à l'établissement et à la perception de l'impôt, et on donne le nom d'Administrations fiscales, — plus brièvement, de fisc, — à tous les services publics chargés d'asseoir et de percevoir les impôts. — Aussi bien, dirons nous que les phénomènes fiscaux sont la catégorie des faits financiers qui se produisent à l'occasion de l'impôt. Et nous ajouterons que la Statistique fiscale se présente ainsi comme une branche de la Statistique financière. Branche très importante sans nul doute. Mais qui ne peut pas être confondue avec l'arbre tout entier.

Et nous voici, maintenant, semble-t-il, en mesure de définir, à son tour, la Statistique financière.

La définition qui vient naturellement à l'esprit et que beaucoup de statisticiens acceptent sans discussion est celle que nous rappelions plus haut: «La Statistique financière est le dénombrement méthodique des faits financiers». Dénombrer, c'est compter, c'est mesurer les faits par les chiffres. Dénombrer méthodiquement, c'est appliquer les diverses règles bien connues qui doivent être observées dans l'établissement d'une Statistique quelconque.

Mais nous avons dit que la notion ainsi donnée de la Statistique financière nous parait trop étroite. Le moment est venu de nous expliquer sur ce point.

Les faits financiers proprement dits ne sont pas et ne peuvent pas être, si paradoxal que cela semble au premier abord, l'unique objet de la

Statistique financière. Cela est plus particulièrement vrai et très important à retenir pour la Statistique fiscale. Les faits fiscaux n'en sont pas l'objet exclusif. —

Il existe un très grand nombre de faits, intimément liés aux faits financiers proprement dits, leur servant en quelque sorte d'assiette, de support, de cause génératrice et qu'il est impossible de ne pas comprendre dans le dénombrement de ceux ci. Cette impossibilité tient, à la fois, à la nature des choses et au but de la Statistique financière.

A la nature des choses, disons nous. En effet, que vaudrait le dénombrement du produit de tel ou tel impôt déterminé, quel parti pourrait on en tirer, à un point de vue quelconque, si les chiffres obtenus n'étaient rattachés à la matière imposable et si celle-ci n'était mesurée elle même par un dénombrement parallèle et concomitant? Au lieu du produit d'un impôt prenons celui du domaine de l'Etat. Comment le dénombrer sans le rattacher à ses sources très diverses et sans faire, en même temps, le dénombrement de celles-ci. Et quant aux dépenses de l'Etat, serait-il admissible que la Statistique financière nous en fit connaître seulement montant global? — Evidemment non. Elle doit porter distinctement sur toutes les catégories de dépenses visées dans la loi du budget. Mais le chiffre de ces dépenses serait vide de sens s'il n'était accompagné de l'indication de leur objet, et si cette indication n'était rendue suffisamment claire par des détails de nature à lui donner de l'intérêt. Ainsi, par exemple, on ne peut faire connaître utilement les dépenses nécessitées par le paiement des fonctionnaires, sans relever en même temps le nombre de ceux-ci et le traitement de chacun d'eux. Et voilà comment la Statistique financière des dépenses ne doit pas nous renseigner seulement sur le chiffre de chaque espèce de dépense, mais sur l'objet de la dépense, c'est-à-dire sur un fait qui, pris en lui même, n'est certainement par un fait financier.

En matière de finances publiques, le but de la Statistique financière est double. Elle doit 1° permettre la justification et le controle des opérations accomplies par les agents de l'Etat — 2° éclairer les pouvoirs publics, le Parlement et l'ensemble des citoyens, du moins sous un régime de liberté politique, sur tous les éléments caractéristiques de la situation financière d'un pays. — Ce double but serait-il atteint si la Statistique se bornait strictement à relever le montant des dépenses et celui des recettes de l'Etat?

Il faut que les Gouvernements et les Chambres puissent suivre, au jour le jour, le mouvement des produits de l'impôt et ses variations. Cela n'est possible que si la matière imposable est recensée, elle aussi, avec le plus grand soin et dans le plus grand détail. Supposons que, dans un pays donné, en France, par exemple, les produits de l'impôt sur les Successions viennent à baisser très sensiblement au cours d'une année. Que pourront les pouvoirs publics, si la Statistique financière leur apporte simplement le produit de l'impôt, le fait financier pur et simple? — S'abstenir de toute mesure ou agir au hasard. — Si, au contraire, la Statistique les renseigne sur le nombre des Successions ouvertes chaque année et sur leur importance, sur le nombre et sur l'importance des diverses catégories de Successions, correspondant à les tarifs différents, sur le chiffre du passif que l'on y a constaté, sur la nature des biens qui composent l'actif et sur la nature des dettes qui forment le passif, si, surtout, ces renseignements sont fournis depuis un assez grand nombre d'années et s'ils ne le sont pas seulement pour l'ensemble du pays, mais pour chacun des 86 départements dont le pays est formé, on aperçoit tout de suite qu'il leur sera possible, sinon toujours facile, de découvrir les causes des changements survenus et d'adopter, le cas échéant, les mesures que ces changements pourraient appeler.

Voilà pourquoi nous n'hésitons pas à dire que le domaine de la Statistique financière est plus étendu que celui des faits financiers, et qu'elle a pour objet nécessaire, non moins que les faits financiers eux mêmes, un grand nombre d'autres faits absolument inséparables de ces derniers. Quels sont ces faits nous demandera-t-on et pourquoi ne les indiquez vous pas d'une façon un peu plus précise? — Nous répondrons qu'ils sont trop divers et trop variables pour pouvoir être enfermés, dans la formule brève et dans el cadre rigide d'une définition. Ils sont divers et variables parce qu'ils dépendent des lois financières qui régissent un pays et parce que ces lois elles mêmes se modifient et se transforment sous l'influence de l'évolution incessante et, quelquefois, des révolutions politiques qui s'accomplissent dans les Sociétés humaines.

Mais il nous semble que nous n'énonçons pas une formule banale et vide de sens, en proposant, sous le bénéfice des observations qui précédent, de voir dans la Statistique financière: le dénombrement méthodique et simultané; 1° de tous les faits financiers accomplis durant une période déterminée et dans un pays donné; 2° de tous les autres faits qui leur sont si étroitement rattachés, que le dénombrement des premiers sans celui des seconds resterait à peu près inutile et ne répondrait pas au but essentiel de la Statistique financière.

Nous allons, d'ailleurs, trouver maintenant l'occasion de compléter les indcations déja données sur ces faits, en analysant de plus près les services que la Statistique financière peut rendre à l'étude des diverses catégories de phénomènes Sociaux.

Ces services sont de deux sortes; ils peuvent être jugés et appréciés à un double point de vue. En premier lieu, la Statistique financière apporte le dénombrement de faits sociaux très nombreux et très intéressants qui, à son défaut, resteraient fort imparfaitement connus. En second lieu, les chiffres qu'elle fournit sur ces faits, comme ceux qu'elle fournit sur les faits financiers, offrent de rares garanties d'exactitude.

Il suffit, pour donner une idée de l'étendue de la contribution possible de la Statistique financière à l'étude des faits sociaux, d'énumérer un certain nombre de ceux qu'elle peut atteindre. Une énumération, non limitative bien entendu, remplacera ici la définition qui nous est interdite. Nous userons, pour y procéder, des distinctions très généralement admises entre les phénomènes sociaux et des classifications fondées sur elles. Non sans remarquer, toutefois, que les unes et les autres sont parfaitement arbitraires, qu'elles sont des créations de notre esprit, sans le moindre rapport avec la réalité dans laquelle tous les phénomènes sont confondus et enchevétrés les uns dans les autres, loin d'être répartis en compartiments séparés.

Presque toutes les catégories de faits sociaux qu'on a l'habitude de distinguer, faits politiques, économiques, juridiques, moraux même sont ou peuvent être abordées par la Statisque financière, dans un pays où les institutions financières sont parvenues à un haut degré de développement. Ce sont surtout les lois fiscales qui permettent, quand elles ont fini, obéissant peut être à leur tendance naturelle, par s'étendre à tous les citoyens et à toutes les sources de richesses, de saisir le plus grand nombre des manifestations de la vie Sociale.

Ce sont ces lois qui, plus particulièrement, peuvent seules atteindre des faits que leur nature rend inaccessibles aux investigations ordinaires de la Statistique. Supposons qu'il n'y ait point, en France, d'impot sur le tabac ou sur l'alcool, qu'il n'y en ait pas non plus sur les produits qui traversent nos frontières. Pourrait on, en l'absence des moyens que donne l'application d'un impot, par le seul procédé des enquêtes directes, réussir à connaître même approximativement, les quantités de tabac ou d'alcool livrées à la consommation, la quantité et la valeur des produits étrangers entrant en France, la quantité et la valeur des produits français allant à l'étranger? Non incontestablement. La chose serait rendue impossible non seulement par la résistance qu'opposeraient la négligence ou la mauvaise volonté des consommateurs et des commerçants aux recherches des agents chargés de faire les enquètes, mais par l'énormité de la tâche qui serait imposée à ceux ci et par les frais considérables qu'entrainerait son accomplissement. Il en serait sensiblement de même pour les Successions, pour les Donations, les Contrats de mariage, les transmissions mobilières ou immobilières à titre onéreux, pour les Contrats de louage, les Contrats de Société, les contrats de prêt, les Constitutions d'hypothéque. Si aucun impot n'existait sur ces différents actes, nous serions dans l'impossibilité d'en faire le dénombrement direct et spécial et nous serions exposés à ignorer toujours leur nombre, leur importance, leurs variations. Et quant à la détermination des revenus annuels des particuliers et au relevé de ce que l'on pourrait appeler l'état des finances privées, on jugera des obstacles auxquels se heurterait une enquète opérée par les moyens ordinaires, sans les sanctions et les coercitions que comporte une loi d'impot, en songeant à la violence avec laquelle l'impot personnel sur le revenu est combattu dans les pays où il n'existe pas et aux difficultés de sa perception dans ceux où il existe.

Est ce à dire que l'on doive établir des impots dans l'unique but de rendre possible des Statistiques financières abondantes en renseignements précieux sur l'ensemble des faits sociaux? Evidemment non. Ce sont des raisons financières et fiscales qui peuvent seules justifier l'établissement ou la réforme d'un impot. On nous proposerait l'impot dont l'application serait le plus fertile en renseignements statistiques instructifs que nous n'hésiterions pas à le repousser s'il nous était démontré qu'il dut être soit injuste soit vexatoire.

Mais cela ne saurait nous empêcher de constater l'intérêt exceptionnel et l'extrême utilité de la Statistique financière que comporte une fiscalité savante et complexe à la fois, lourde peut être mais juste cependant, ne laissant en dehors de son atteinte à peu près aucune manifestation de la richesse, qu'elle qu'en soit la nature et la forme. Et même nous nous croyons en droit d'ajouter qu'un impot pourrait être suffisamment justifié par un intérêt purement statistique, à la condition expresse, bien entendu, qu'il fut équitable et que sa perception fut rendue facile par l'extrême légèreté de son taux. N'est ce point ainsi que s'explique, en France, l'impot douanier appelé précisément droit de Statistique, qui ne dépasse pas 0 F.—10 cent. par colis traversant la frontière, ce qui lui permet néanmoins de rapporter environ 7 millions par an? Et n'est ce point ainsi que pourraient se justifier et s'expliquer, dans des circonstances déterminées, d'autres impots de Statistique dont l'objet principal serait de fournir aux pouvoirs pnblics des renseignements jugés indispensables.

Dans tous les cas, et nous sommes heureux de proclamer que cette manière de voir a fait du chemin en France, dans ces dernières années, nous pensons que lorsqu'une législation financière existe, on doit, sans aucune restriction, user de tous les moyens qu'elle donne pour dresser des statistiques aussi complètes et aussi abondantes que possible en renseignements de toute nature. Nous parlons naturellement de renseignements objectifs et impersonnels qui ne peuvent, à aucun degré, constituer des indiscrétions. Il y a tout avantage, du moins dans les pays à institutions démocratiques et libres, à répandre la lumière à flots sur le mouvement des phénomènes sociaux. Et il ne peut y avoir à cela, en dépit des craintes de quelques esprits timorés, aucune espèce d'inconvénient. Un pays qui veut et sait pratiquer, par la Statistique, le précepte de la Sagesse antique: «Connais toi toi même», ne court aucun risque à être connu par les autres. Il serait aussi puéril et vain, de sa part, de vouloir cacher les données que lui fournit la Statistique sociale que de vouloir tenir secrètes celles des Observatoires sur la température et les variations du baromètre. La météorologie sociale n'a pas plus besoin de mystère que la météorologie physique.

Ce que nous avons dit de la grande fertilité statistique des législations financières très développées et perfectionnées se vérifie à peu près dans tous les pays sans exception, mais en France d'une façon peut être plus saisissante qu'ailleurs.

Telle qu'elle est rendue possible par notre loi budgétaire annuelle et par les lois sur la comptabilité publique, la Statistique de nos dépenses publiques nous donne de très importants renseignements d'ordre politique et économique. Elle nous fait connaître à merveille l'étendue et la nature des attributions de l'Etat, le nombre de ses agents, l'organisation de ses services. A propos de la dette publique, elle nous éclaire supérieurement, tant sur la répartition et le mouvement des différentes espèces de titres et de coupures dont la valeur totale dépasse 29 milliards, que sur le nombre des pensions viagères que l'Etat sert à ses fonctionnaires retraités, sur l'âge de ces derniers, sur la durée de leur pension.

Mais c'est surtout la Statistique de l'impot, la Statistique fiscale qui nous procure, avec le dénombrement de la matière imposable, les collections les plus précieuses de faits sociaux, de faits économiques, juridiques, moraux. Malgré l'absence de l'impot personnel sur le revenu, nos impots sont si nombreux et si variés qu'ils enveloppent, de toutes parts, la vie des individus, les personnes comme les biens. De telle sorte que, soit pour préparer et pour assurer, soit pour suivre leur application et en rendre compte, il faut procéder à une sorte de recensement universel de tout ce qui existe et de tout ce qui se fait. Par les impot directs, nous atteignons les biens sous toutes leurs formes. Par les impots indirects, nous atteignons soit les actes relatifs aux biens soit même ceux qui sont relatifs à la condition des personnes, au mariage, aux relations de famille. Le nombre des actes enregistrés et des déclarations reçues par la seule administration de l'Enregistrement, dépasse annuellement le Chiffre de 16 millions. Et si l'on y ajoutait les actes soumis à la formalité du timbre, c'est de plusieurs millions qu'il faudrait grossir ce chiffre.

Mais nous ne saurions aller plus loin sur ce sujet, sans entrer dans le détail des indications que nous voulons donner dans la seconde partie de ce rapport.

Il nous reste, pour faire suffisamment ressortir les services rendus par la Statistique financière à l'étude des faits sociaux, à dire quelques mots des garanties d'exactitude qu'offrent spécialement tous les chiffres contenus dans les Statistiques financières.

Ces garanties s'expliquent aisément. Elles s'expliquent sans doute parce que les Statistiques financières sont toujours dressées par des agents de l'Etat, mais, mieux encore, parce que ces agents sont soumis à des obligations professionnelles rigoureuses dont bénéficie forcément la confection de la Statistique.

Il y a bien, comme nous le disions plus haut, les finances publiques et les finances privées. Mais il n'y a pas de Statistiques financières privées en face des Statistiques financières officielles. Il n'y a que des Statistiques officielles. Ou les particuliers ne dressent pas la Statistique de leurs finances privées ou, s'ils la dressent, ils ne la publient jamais, ce qui revient au même. Les banques, les grandes Sociétés de Crédit dressent assurément des Statistiques financières et peuvent en dresser d'un très grand intérèt. Mais il ne leur convient sans doute ni de faire les frais de leur publication, ni de faire connaître, par elles, le détail de leurs opérations. Nous avons vu, il y a quelques années, un de nos regrettés anciens présidents de la Société de Statistique de Paris nous présenter le tableau très détaillé et très sincère de son budget familial annuel. Mais cet exemple n'a pas été contagieux. Mr. Beaurin-Gressier n'a pas trouvé d'imitateurs et cela est vraiment regrettable. Fort heureusement, on trouve dans les Statistiques financières officielles, sur les finances privées, des données beaucoup plus nombreuses et plus importantes qu'on ne le croit communément. On rencontrera quelques unes des plus remarquables dans les tableaux annexés à ce rapport. On verra notamment que les Statistiques officielles ne nous renseignent pas seulement, grâce à l'impot des successions, sur l'état de fortune, sur la situation financière des particuliers qui laissent un patrimoine à leur décès. Elles relévent un très grand nombre d'actes juridiques relatifs aux créances et aux dettes existant entre particuliers et qui, impliquant toujours l'intervention d'une somme d'argent, sont autant de faits financiers d'ordre privé.

Si les particuliers sont parfaitement libres de dresser ou non la Statistique de leurs finances, il n'en est pas de même pour l'Etat. L'Etat n'a pas seulement le droit et le pouvoir, il a le devoir de dresser la Statistique des finances publiques. C'est là une de ses plus incontestàbles attributions. Il serait trop facile de le prouver. On n'aurait, si besoin était, que l'embarras du choix entre les preuves fournies soit par l'histoire, soit par la plus simple réflexion s'exercant sur les conditions dans lesquelles sont établies et gérées les finances publiques de tous les pays civilisés. Mais, ceci ne pouvant étre mis en doute par personne, nous nous garderons d'y insister.

Il ne suffit pas que l'Etat établisse la Statistique aussi étendue que possible des Finances publiques. Il faut qu'il l'établisse avec une rigoureuse exactitude. Il le faut à cause du but de ces Statistiques. Elles doivent, nous l'avons déjà dit, éclairer les pouvoirs publics et les guider dans la préparation, dans le vote et dans l'exécution de la loi annuelle du budget et des Finances. Préparation, vote et exécution qui constituent la première et la plus haute des attributions des Gouvernements et des Assemblées délibérantes. Si les Statistiques financières étaient inexactes, elles pourraient soit leur suggérer des mesures inutiles et dangereuses, soit les porter à s'abstenir de prendre des mesures nécessaires. Elles ne leur permettraient pas de remplir convenablement le plus grand de leurs devoirs.

Mais disons tout de suite que, par une heureuse coïncidence, les circonstances rendent, ici, possible et même relativement facile ce qui est indispensable.

Il y a deux catégories de Statistiques financières:

1° celles dont l'établissement est lié aux Comptes que les agents financiers de l'Etat doivent rendre, annuellement, de leurs opérations de recettes et de dépenses;

2° celles qui sont établies en dehors de l'accomplissement normal des fonctions de ces agents, celles qui sont demandées, par exemple, pour répondre à des besoins imprévus ou dont la périodicité n'étant point annuelle, mais biennale ou quinquennale, sont forcément obtenues par des dépouillements qui ne peuvent se confondre avec ceux qu'impose la comptabilité.

Il est à peine besoin d'ajouter que l'exactitude des premières est à peu près absolue. Il y a là comme une Statistique automatique dont la bonne qualité est garantie par l'application de lois financières à laquelle nul ne peut se soustraire.

Il ne saurait en être ainsi des secondes. Ici, la situation des agents financiers de l'Etat est à peu près la même que celle de tous ses autres agents chargés de dresser une Statistique quelconque. Les garanties d'exactitude sont donc loin d'être complétes. La négligence ou la maladresse de quelques agents peuvent se donner carrière et il faut qu'une surveillance bien organisée en rende les manifestations aussi rares que possible. Notre expérience personnelle nous a prouvé, plus d'une fois, que cette surveillance n'est point inutile. Mais elle nous a prouvé aussi qu'elle est aisément efficace et que, dans l'ensemble, à de rares exceptions près qu'il serait facile de faire disparaitre, nos statistiques financières françaises, celles de la seconde catégorie comme celles de la première, sont d'une qualité tout à fait excellente.

IIème Partie.

Quelques tableaux de Statistique financière.

Nous allons, maintenant, essayer d'illustrer par des exemples, c'est à dire par des tableaux de Statistique financière, la démonstration que nous avons tentée dans la première partie de ce rapport. Après avoir dit ce que pourrait être la contribution de la Statistique financière à l'étude des faits sociaux, il faut dire ce qu'elle est.

Le nombre des exemples que pourrait fournir, en France, la législation financière et la législation fiscale est tel qu'un volume entier aurait peine à les contenir. Force nous a été de nous limiter et de faire un choix. Nous nous sommes laissé guider, dans ce choix, par des considérations que l'on comprendra sans peine. Nous nous sommes naturellement tourné du coté des documents de Statistique financière que nous connaissons le mieux, du coté de ceux dont nous avons, pendant plusieurs années, dirigé la préparation. Et nous ne pensons pas nous être fait illusion, en estimant qu'ils figurent au premier rang, parmi ceux qui peuvent éclairer tous les hommes d'étude sur les faits sociaux les plus importants et qui, malgré cela, malgré les savants travaux qu'a provoqués, en particulier, depuis longtemps, et tout spécialement dans ces derniers temps, la statistique des successions, restent très insuffisamment connus et utilisés.

Voilà pourquoi nous avons composé les douze tableaux qui suivent en empruntant exclusivement leurs éléments aux Statistiques préparées par l'Administration de l'Enregistrement et qui sont toutes, à peu d'exceptions près, des Statistiques purement ficales, c'est à dire se rattachant au recouvrement de l'impot. Ces statistiques, comme presque toutes nos statistiques financières sauf, du moins, pour quelques unes de celles qui sont obtenues par voie d'enquète spéciale, sont publiées dans trois documents principaux qu'il faut citer et qui font le plus grand honneur à l'Administration française: 1° Le compte général annuel de l'Administration des finances (1825—1902). 2° Le compte definitif des Recettes (1850—1902). 3° La collection du Bulletin de Statistique et de législation comparée du ministère des Finances (1877—1903).

Nos douze tableaux, avec les notes explicatives qui accompagnent quelques uns d'entre eux, ne forment eux mêmes qu'une très faible partie de ceux qu'il serait facile de tirer de ces statistiques. Ce sont de simples échantillons destinés à donner une idée de ce qui pourrait être fait. Même à propos de la Statistique des Successions à laquelle nous ne consacrons pas moins de cinq tableaux, il s'en faut de beaucoup que la matière soit épuisée. C'est ainsi que nous avons du renoncer à donner les tableaux qui feraient connaître, par département, c'est à dire pour les différentes régions de la France: 1° les éléments détaillés du patrimoine des particuliers, d'après les enquêtes faites pour les années 1898 et 1899; — 2° le montant et la composition du passif trouvé dans le patrimoine des personnes décédées en 1902.

On voudra bien remarquer que la plupart de nos tableaux, au lieu d'être empruntés purement et simplement aux publications officielles, ont été établis par nous en vue d'appuyer nos démonstrations purement théoriques. Leur composition a consisté, suivant les cas, soit à présenter dans un autre cadre les chiffres des documents officiels de statistique financière, soit à rapprocher, dans un même tableau, en tenant compte de leur nature, un certain nombre de faits relevés dans des documents différents, soit, enfin, à compléter les données de la Statistique financière par les données de quelques autres Statistiques. Ainsi, nous avons emprunté certains chiffres aux Comptes annuels de la Justice civile (Ministère de la Justice), et un plus grand nombre aux Statistiques annuelles du Ministère du Commerce sur le Mouvement annuel de la Population. Nous ne pouvons que recommander ce procédé à ceux de nos confrères qui voudraient aussi chercher à utiliser pleinement nos Statistiques financières. Nous nous reprochons de ne pas l'avoir suffisamment pratiqué. Nous aurions pu, notamment, en faire un très utile emploi dans notre Ier tableau consacré à la Statistique des Successions, à propos du rapprochement du nombre annuel des décès et du nombre annuel des successions déclarées. Ce rapprochement suggère fort naturellement la question suivante: si, en France, un peu moins de la moitié des décédés laisse une Succession déclarée au fisc, quelle est la situation de l'autre moitié? Ne comprendrait elle que des personnes indigentes? Comme leur nombre dépasse 450 000, on aperçoit tout l'intérêt de la question. Parmi les réponses proposées, quelques unes font bien allusion aux décès portant, chaque année, *sur des personnes ne pouvant*, à raison de leur âge et de leur condition de famille, *posséder* un patrimoine. Mais elles se bornent, à cet égard, à une vague indication. Quelques chiffres feraient bien mieux l'affaire. Nous en donnerons la preuve très brièvement. On peut, sans exagération, fixer à 29 ans l'âge jusqu'au quel les individus de l'un ou de l'autre sexe ne peuvent, en général, avoir de patrimoine personnel. Il s'agirait donc de savoir quel est le nombre des personnes de 29 ans et au dessous qui meurent chaque année. Or, ce renseignement nous est très régulièrement fourni par le volume de la Statistique annuelle de la population (v. entre autres celui de 1901. p. CLIX et sq.). Nous savons par exemple, que, durant les trois années 1860—1862, la moyenne annuelle des décès, au dessous de 29 ans, a été de 389207, sur un chiffre total moyen de 826318 décès; et aussi que, durant les trois années 1890—1892, la moyenne annuelle de ces décès était tombée à 320412, en face d'un chiffre total moyen de 876331. En prenant ces derniers chiffres, que voyons nous? C'est que le nombre des Successions déclarées étant de 380000 environ, il n'y a guère que 175000 personnes, par an, qui pourraient posséder un patrimoine et qui semblent n'en point avoir. Et comme beaucoup de gens, parmi les décédés, peuvent avoir trouvé une aisance relative dans les produits de leur travail, dans une pension ou une rente viagère, il est clair que le nombre des indigents se restreint singulièrement.

Après ces courtes observations et en nous référant à celles qui sont placées en note des tableaux, nous pouvons laisser la parole aux chiffres.

Ce n'est point que nous ne soyons tenté d'essayer de dire, auparavant, comment on doit s'en servir et quel genre de services ils peuvent rendre à ceux qui sauront les utiliser, que leurs études relévent de la Science ou de l'art, qu'elles tendent à saisir le coté social et moral ou plutôt le coté politique, économique ou juridique des faits.

Mais cela nous entrainerait à des développements que ni leur étendue ni leur nature ne nous permettent de donner ici. Nous sortirions du domaine de la Statistique pour entrer dans celui de l'Economie politique, du Droit, de la Sociologie. Le rôle de statisticien nous parait devoir suffire aux membres de l'Institut international de Statistique. Il est encore assez difficile et il peut être assez fécond pour qu'on puisse borner son ambition et son effort à le bien remplir.

Table des matières des tableaux envoyés

par

M. Fernand Faure

à l'appui de son rapport sur: «La contribution que peut apporter la statistique financière à l'étude des phénomènes sociaux, politiques, économiques et juridiques.»

Ière Série.

La Statistique fiscale et les rapports de créancier à débiteur en matière civile. (1 tableau.

IIème Série.

La Statistique fiscale et les mutations immobiliéres en France.

1er tableau. La Statistique fiscale et les mutations immobiliéres de 1826—1901.

2ème tableau. La Statistique fiscale et les mutations immobiliéres en 1894.

IIIème Série.

La Statistique fiscale et les Rapports entre époux.

1er tableau. Les Contrats de mariage — les donations par Contrat de mariage et entre époux — les Successions entre époux — de 1872 à 1901.

2ème tableau. Les régimes matrimoniaux en 1898.

3ème tableau. Répartition, par département, des Contrats de mariage et des régimes matrimoniaux en 1898.

IVème Série.

La Statistique fiscale des Successions et la compositions du patrimoine des particuliers en France.

1er tableau. L'annuité successorale et ses principaux éléments de 1826—1902.

2ème tableau. Eléments détaillés de l'annuité successorale en 1898 et 1899.

3ème tableau. Actif et Passif en 1901 et 1902.

4ème tableau. Importance des parts nettes et des successions nettes en 1901 et 1902.

5ème tableau. Répartition géographique des fortunes d'après l'importance des Successions en 1902.

Vème Série.

La Statistique fiscale et les donations entre vifs, en France, de 1882 à 1901. (1 tableau.)

Ière Série.
La Statistique Fiscale et les Rapports de Créancier à Débiteur en matière civile.[1]

Années	Formation de la créance						Garanties réelles		Evolution de la créance						Extinction de la créance	
	Prestations de somme		Ventes d'immeubles		Ouvertures de crédit											
	Avec garantie hypothécaire	Sans garantie hypothécaire	Licitations-Partages avec Soulte entre cohéritiers et copropriétaires	Ventes ordinaires	Ouvertures	Réalisations	Inscriptions de privilèges et hypothèques	Antichrèses	Prorogations et titres nouvels	Cessions et Délégations	Créances transmises par succession	Créances transmises par donation	Jugements de 1ère Instance & sentences arbitrales portant condamnation de somme	Ordres amiables et Judiciaires	Libérations	Mainlevées d'hypothèque et de privilège
1896																
Nombre d'actes . .	329 731		84 552	718 568	2 646	1 596	—	212	34 482	51 144			31 942	11 200	377 741	143 68
Valeur des créances	1 081 580 000		229 695 000[2]	1 786 206 000	51 272 000	43 628 000	2 004 549 000	827 500	176 877 000	153 546 000			68 085 000	100 638 000	1 007 312 000	709 459 00
1897																
Nombre d'actes . .	239 216	101 086	80 516	713 826	2 774	1 807	—	93	31 535	53 182			37 133	11 792	362 400	122 70
Valeur des créances	929 514 000	123 925 000	220 819 000	1 850 474 000	59 944 000	43 213 000	2 108 124 000	305 100	202 236 000	170 501 000			68 775 000	94 878 000	970 048 000	656 921 00
1898											Successions	Donations				
Nombre d'actes . .	238 726	106 573	74 326	717 454[3]	2 809	1 672	759 259	73	30 274	50 774	133 144[5]	17 630[7]	40 272	11 326	339 014	120 90
Valeur des créances	930 176 000	131 297 000	224 881 000	1 861 841 000[3]	47 594 000	56 559 000	2 006 714 000[4]	295 800	148 622 000	146 584 000	826 224 000[5]	83 262 000[7]	72 351 000	86 399 000	969 901 000[8]	649 638 00
1899																
Nombre d'actes . .	242 118	109 665	70 284	732 945	3 996	2 271	—	83	30 772	48 554	138 834[6]		42 025	11 771	325 954	121 167
Valeur des créances	931 159 000	131 594 000	221 540 000	1 805 602 000	53 641 000	45 146 000	2 003 288 000	164 700	168 701 000	247 961 000	846 851 000[6]		69 703 000	83 057 000	912 338 000	631 154 00
1900																
Nombre d'actes . .	229 278	106 677	75 218	714 847	4 360	2 281	—	70	29 348	45 745			43 597	12 056	313 194	118 586
Valeur des créances	898 578 000	135 685 000	223 555 000	1 775 771 000	55 030 000	30 477 000	2 017 798 000	270 800	152 565 000	152 657 000			66 036 000	91 758 000	905 197 000	606 396 000
1901																
Nombre d'actes . .	218 634	103 788	69 388	723 518	2 873	1 527	—	70	29 169	46 180			31 427	11 923	316 703	119 689
Valeur des créances	910 948 000	140 922 000	205 932 000	1 755 672 000	93 977 000	71 127 000	2 033 000 000	358 800	157 767 000	155 902 000			71 975 000	99 002 000	868 851 000	604 806 000

[1]) Il est à peine besoin de faire observer que les Statistiques fiscales dont les données nous ont servi à dresser ce tableau n'embrassent pas rigoureusement la totalité des créances qui se forment ou s'éteignent dans une année. Un grand nombre de ces créances échappent aux formalités de l'enregistrement afin d'échapper à l'impot. Mais ce sont naturellement les moins importantes. Nous ne pensons pas qu'elles doivent représenter, en valeur, plus de 20 à 25 % de la totalité des créances.

[2]) Il y a lieu de rapprocher le nombre et l'importance des licitations partages avec soultes entre copropriétaires et cohéritiers du nombre et de l'importance de l'ensemble des partages de toute nature. Le nombre de ceux-ci est à peine supérieur de quelques milliers au nombre des licitations. Mais l'importance en est incomparablement plus grande, ainsi que le prouveront les quelques chiffres suivants:

En 1897	le nombre	des partages a été de	85 161	et leur	importance de	3 077 700 000	Fr.
En 1898	id.	id.	85 406	id.	id.	3 353 010 000	„
En 1899	id.	id.	81 183	id.	id.	3 333 000 000	„
En 1900	id.	id.	86 056	id.	id.	3 451 000 000	„
En 1901	id.	id.	83 099	id.	id.	3 186 000 000	„

[3]) Il serait très intéressant, mais il est très difficile de déterminer exactement la portion des prix de vente qui ne sont pas payés comptant et, partant, la valeur des créances qui naissent annuellement garanties par le privilège du Vendeur (art. 2103, Code Civil). Il est permis cependant de risquer quelques évaluations. Voici les indications sur lesquelles on peut les appuyer. Nous les empruntons à une enquête spéciale que l'administration de l'enregistrement a fait porter sur les formalités hypothécaires accomplies en 1898. — (V. Bulletin de Statistique et de Législat. Comparée, Juillet 1899, p. 200.)

Nous savons, d'après le résultat de cette enquête, que le nombre des Ventes transcrites est bien inférieur à celui des ventes réalisées. Le nombre des transcriptions opérées en 1898 a été seulement de 501 113, tandis que le nombre des ventes a été de 717 454. La vente d'immeubles n'est pas, il s'en faut, le seul acte soumis à la formalité de la transcription. Les articles 1 et 2 de la loi du 23 mars 1855, sans parler de l'art. 939 c.c. relatif aux donations, y soumettent un grand nombre d'autres actes. Ce qui autorise à penser que les 501 113 transcriptions de 1898 ne s'appliquent pas toutes, à beaucoup près, à des ventes. On peut estimer à 400 000 environ le nombre des ventes transcrites au cours de cette année. Celles qui ne l'ont pas été atteindraient le chiffre de 315 à 320 000. Pour celles-ci, il ne peut pas être question de garantie privilégiée. Il ne peut pas même en être question pour les 400 000 ventes transcrites, par la raison bien simple qu'un assez grand nombre d'entre elles doivent donner lieu paiement comptant. Le nombre des ventes dans lesquelles le prix n'a pas été payé comptant nous est donné avec une exactitude assez grande par le nombre des inscriptions d'office. On sait, en effet, que l'article 2108 du Code Civil oblige le Conservateur des hypothèques à inscrire d'office „les créances résultant de l'acte translatif de propriété, tant en faveur du vendeur qu'en faveur des prêteurs." — Or, le nombre des inscriptions d'office, en 1898, a été de 298 786. Reste à savoir quelle est l'importance des créances auxquelles correspondent ces inscriptions. Nous ne pouvons faire à cet égard que de simples hypothèses. Mais nous ne croyons pas nous tromper beaucoup en évaluant ces créances de 850 à 900 millions environ.

[4]) Les éléments de cette somme paraissent pouvoir être trouvés dans les diverses catégories suivantes de créances:

1° les créances nées d'une prestation de somme avec garantie hypothécaire . . .	environ	900 000 000
2° les créances nées de licitations partages	id.	200 000 000
3° les créances nées de ventes ordinaires (v. sup. note 3)	id.	850 000 000
4° les créances nées de réalisations de crédit; en pratique, les réalisations de Crédit sont, presque toujours, accompagnées d'une garantie hypothécaire au profit du créditeur.	id.	50 000 000
		2 000 000 000.

[5]) Sur 430 810 successions dans lesquelles ont été relevées les différentes catégories de biens et sur une somme totale de 6 631 000 000 de biens de toute nature.

[6]) Sur 418 382 successions dans lesquelles ont été relevées les différentes catégories de biens et sur une somme totale de 6 766 000 000 de biens de toute nature.

[7]) Sur un nombre total de 177 373 bénéficiaires et sur une somme de 987 936 000 représentant le total des donations en 1898, d'après l'enquête directe faite pour cette année là.

[8]) Il convient de rapprocher la masse des créances formées et celle des créances éteintes au cours d'une année. Nous le ferons en prenant pour exemple l'année 1898. — En évaluant à 850 millions les créances issues des Ventes ordinaires, on trouve que la totalité des créances nouvelles révélées par la statistique fiscale au cours de l'année 1898, s'élève à 2 150 000 000 environ. Tandisque les créances dont l'extinction a été constatée s'élèvent seulement à la somme ronde de 1 600 000 000, obtenue par l'addition du montant des libérations et des mainlevées. Est ce à dire que le stock des créances civiles aille s'accroissant, chaque année, de la somme de 600 millions environ? Non, à coup sur. Comme la formation des créance, leur extinction, même quand elles ont été enregistrées, est soustraite à la formalité de l'enregistrement et pour le même motif. Une fois la créance éteinte par le paiement et par la destruction du titre, on comprend que les parties cherchent à éviter soit le droit de libération de Fr. 0,50 %, soit le droit de mainlevée de Fr. 0,20 %. C'est ainsi que les libérations non enregistrées pourraient très bien s'élever à plusieurs centaines de millions.

IIème Série.

La Statistique Fiscale et les Mutations Immobilières en France de 1826 à 1901.

1er Tableau.

Années	Ventes de Biens de l'Etat	Ventes Ordinaires entre Particuliers	Résolutions de Ventes par Jugement	Licitations et Soultes de Partage	Echanges	Retour ou plus-values dans les échanges	Total
1826	2 200 000	1 004 100 000	1 700 000	85 600 000	15 400 000	7 300 000	1 116 300 000
1827	1 100 000	1 006 500 000	2 200 000	83 700 000	15 400 000	7 000 000	1 115 900 000
1828	2 000 000	1 053 900 000	2 800 000	76 600 000	16 600 000	7 700 000	1 159 600 000
1829	1 900 000	1 097 600 000	2 000 000	69 600 000	15 900 000	6 700 000	1 193 700 000
1830	7 500 000	1 045 600 000	2 700 000	67 000 000	14 700 000	7 000 000	1 144 500 000
1831	20 600 000	972 200 000	2 500 000	62 100 000	15 500 000	8 100 000	1 081 000 000
1832	37 500 000	1 077 400 000	3 200 000	67 000 000	17 300 000	7 800 000	1 210 200 000
1833	25 600 000	1 149 200 000	3 200 000	67 900 000	16 600 000	7 300 000	1 269 800 000
1834	16 400 000	1 112 500 000	2 700 000	68 300 000	14 900 000	7 200 000	1 222 000 000
1835	18 800 000	1 109 900 000	2 400 000	70 400 000	25 900 000	7 000 000	1 234 400 000
1836	1 900 000	1 214 300 000	2 500 000	79 200 000	28 700 000	8 000 000	1 334 600 000
1837	2 000 000	1 218 400 000	2 400 000	85 800 000	29 400 000	9 200 000	1 347 200 000
1838	1 200 000	1 307 200 000	3 000 000	103 400 000	31 800 000	9 900 000	1 456 500 000
1839	700 000	1 299 000 000	2 800 000	87 200 000	32 600 000	11 100 000	1 434 300 000
1840	1 800 000	1 327 100 000	3 300 000	86 500 000	34 300 000	12 300 000	1 467 100 000
1841	2 300 000	1 360 000 000	3 100 000	87 600 000	38 200 000	11 200 000	1 502 400 000
1842	1 900 000	1 413 400 000	3 000 000	95 600 000	35 100 000	11 400 000	1 560 400 000
1843	10 900 000	1 452 400 000	3 000 000	102 400 000	35 500 000	12 400 000	1 616 600 000
1844	2 200 000	1 520 400 000	3 100 000	101 400 000	41 100 000	13 900 000	1 682 100 000
1845	7 000 000	1 487 300 000	3 000 000	94 100 000	38 800 000	13 400 000	1 643 600 000
1846	600 000	1 503 400 000	3 300 000	93 700 000	40 700 000	15 000 000	1 656 700 000
1847	500 000	1 471 000 000	3 300 000	98 000 000	37 700 000	13 800 000	1 625 200 000
1848	500 000	866 000 000	3 000 000	64 200 000	23 900 000	8 800 000	966 400 000
1849	700 000	1 135 100 000	4 200 000	75 700 000	24 400 000	9 300 000	1 249 400 000
1850	1 500 000	1 225 600 000	4 200 000	97 400 000	27 200 000	9 800 000	1 365 700 000
1851	1 300 000	1 124 900 000	3 700 000	97 400 000	25 800 000	8 300 000	1 261 400 000
1852	9 400 000	1 334 900 000	3 500 000	108 200 000	27 400 000	9 100 000	1 492 500 000
1853	19 200 000	1 552 300 000	3 500 000	122 400 000	31 100 000	12 100 000	1 740 600 000
1854	9 600 000	1 498 500 000	3 100 000	130 500 000	32 900 000	12 000 000	1 596 000 000
1855	15 300 000	1 648 000 000	2 400 000	147 000 000	43 400 000	14 000 000	1 870 100 000
1856	10 900 000	1 729 900 000	2 300 000	141 400 000	40 100 000	16 100 000	1 940 700 000
1857	3 200 000	1 647 100 000	2 700 000	135 800 000	39 100 000	14 500 000	1 842 400 000
1858	3 300 000	1 719 100 000	2 200 000	145 900 000	40 100 000	15 800 000	1 926 400 000
1859	5 600 000	1 600 800 000	3 000 000	145 100 000	35 200 000	14 300 000	1 808 800 000
1860	4 700 000	1 877 700 000	2 000 000	159 900 000	49 700 000	15 800 000	2 109 800 000
1861	4 200 000	1 920 800 000	1 500 000	159 000 000	43 700 000	19 100 000	2 148 300 000
1862	8 300 000	1 945 700 000	2 800 000	168 000 000	43 000 000	17 100 000	2 184 900 000
1863	8 100 000	1 888 900 000	2 100 000	162 800 000	42 800 000	17 500 000	2 122 200 000
1864	8 300 000	1 788 100 000	1 900 000	172 700 000	45 000 000	17 000 000	2 033 000 000
1865	9 800 000	1 760 100 000	2 000 000	174 300 000	38 800 000	15 400 000	2 000 400 000
1866	7 600 000	1 900 400 000	2 000 000	181 700 000	36 200 000	15 100 000	2 143 000 000
1867	3 400 000	1 953 100 000	2 200 000	185 700 000	38 600 000	16 900 000	2 199 900 000
1868	4 000 000	2 097 400 000	2 200 000	195 500 000	38 600 000	18 400 000	2 356 100 000
1869	3 300 000	2 156 000 000	1 800 000	198 600 000	42 800 000	17 700 000	2 420 200 000
1870	1 900 000	1 475 600 000	1 900 000	159 000 000	29 100 000	11 800 000	1 679 300 000
1871	600 000	1 278 800 000	1 300 000	160 900 000	23 000 000	9 600 000	1 474 200 000
1872	1 000 000	2 114 100 000	2 300 000	228 900 000	36 700 000	15 600 000	2 398 600 000
1873	2 600 000	1 843 100 000	3 800 000	208 900 000	44 600 000	17 500 000	2 120 500 000
1874	6 800 000	1 827 800 000	3 000 000	208 200 000	56 500 000	15 300 000	2 117 600 000
1875	4 300 000	1 860 400 000	2 200 000	210 000 000	64 900 000	15 600 000	2 157 400 000
1876	10 000 000	1 988 800 000	2 800 000	199 200 000	40 100 000	13 800 000	2 254 700 000
1877	5 300 000	2 045 900 000	8 200 000	195 700 000	40 100 000	13 900 000	2 309 100 000

Années		Ventes de Biens de l'Etat	Ventes Ordinaires entre Particuliers	Résolutions de Ventes par Jugement	Licitations et Soultes de Partage	Echanges	Retour ou plus values dans les échanges	Total
1878	*Nombre d'Actes*	*1232*	*873355*	*663*	*95706*	*48482*	*502*	
	Valeur des Biens	2600000	2110900000	2200000	214100000	38400000	12400000	2380600000
1879	*Nombre d'Actes*	*973*	*840433*	*774*	*96255*	*47409*	*499*	
	Valeur des Biens	1700000	2236100000	2600000	223500000	38300000	11900000	2514100000
1880	*Nombre d'Actes*	*1633*	*829070*	*639*	*99404*	*48094*	*572*	
	Valeur des Biens	2300000	2329200000	3200000	229500000	35200000	11600000	2611000000
1881	*Nombre d'Actes*	*1756*	*834126*	*816*	*92721*	*48910*	*631*	
	Valeur des Biens	2000000	2590900000	2900000	227200000	35300000	11400000	2869700000
1882	*Nombre d'Actes*	*1296*	*837463*	*937*	*91010*	*47076*	*595*	
	Valeur des Biens	1600000	2310800000	2700000	238000000	35200000	11200000	2599500000
1883	*Nombre d'Actes*	*1543*	*827105*	*753*	*92579*	*47250*	*573*	
	Valeur des Biens	2200000	2147400000	4600000	226000000	35600000	11600000	2244700000
1884	*Nombre d'Actes*	*1308*	*809743*	*670*	*90537*	*44732*	*530*	
	Valeur des Biens	2400000	1964600000	4800000	228200000	35900000	12500000	2248400000
1885	*Nombre d'Actes*	*1137*	*778366*	*834*	*90983*	*41619*	*2262*	
	Valeur des Biens	1200000	1832600000	2900000	265000000	35900000	10400000	2148000000
1886	*Nombre d'Actes*	*1339*	*785763*	*714*	*90953*	*40942*	*2422*	
	Valeur des Biens	1000000	1837400000	3300000	220300000	31200000	9500000	2102700000
1887	*Nombre d'Actes*	*1261*	*768719*	*649*	*89880*	*40392*	*2166*	
	Valeur des Biens	1100000	1774600000	2800000	214700000	31100000	7200000	2031000000
1888	*Nombre d'Actes*	*1754*	*745276*	*656*	*88384*	*37352*	*1701*	
	Valeur des Biens	1400000	1771400000	2900000	206400000	31500000	7800000	2020900000
1889	*Nombre d'Actes*	*1787*	*737608*	*659*	*84584*	*36310*	*1778*	
	Valeur des Biens	1600000	1766200000	2600000	208800000	25500000	6700000	2019900000
1890	*Nombre d'Actes*	*1536*	*599664*	*453*	*70091*	*28125*	*1407*	
	Valeur des Biens	2300000	1946100000	2500000	222000000	26000000	7100000	2206000000
1891	*Nombre d'Actes*	*1767*	*742557*	*566*	*86701*	*35631*	*1850*	
	Valeur des Biens	2800000	1954900000	2400000	230000000	27100000	7100000	2224000000
1892	*Nombre d'Actes*	*1852*	*743388*	*525*	*89280*	*36911*	*1920*	
	Valeur des Biens	1600000	1852300000	2500000	237500000	25000000	6000000	2124900000
1893	*Nombre d'Actes*	*1477*	*708330*	*495*	*84667*	*35603*	*1978*	
	Valeur des Biens	800000	1815300000	2400000	226600000	26500000	6400000	2078000000
1894	*Nombre d'Actes*	*1392*	*712681*	*438*	*87217*	*34333*	*1879*	
	Valeur des Biens	1500000	1810600000	2100000	236100000	25000000	6800000	2162000000
1895	*Nombre d'Actes*	*1408*	*715913*	*358*	*88510*	*33586*	*1756*	
	Valeur des Biens	4800000	1840700000	1100000	234400000	23400000	6100000	2110500000
1896	*Nombre d'Actes*	*1194*	*718563*	*434*	*84552*	*30933*	*5214*	
	Valeur des Biens	1714000	1786000000	1400000	229600000	21018000	5870000	2045602000
1897	*Nombre d'Actes*	*1544*	*713826*	*455*	*80516*	*35427*	*7866*	
	Valeur des Biens	1600000	1850000000	2232000	220819000	26632000	11600000	2112800000
1898	*Nombre d'Actes*	*2171*	*717454*	*337*	*74326*	*35632*	*6786*	
	Valeur des Biens	4550000	1861840000	1728000	224881000	26683000	11578000	2131256000
1899	*Nombre d'Actes*	*2386*	*732945*	*704*	*70234*	*36744*	*7545*	
	Valeur des Biens	7342000	1805600000	2515000	221540000	25218000	11337000	2073550000
1900	*Nombre d'Actes*	*1718*	*714847*	*416*	*75218*	*34679*	*6445*	
	Valeur des Biens	4892000	1775700000	1920000	223555000	24950000	6709000	2037700000
1901	*Nombre d'Actes*	*1419*	*723518*	*413*	*69368*	*34164*	*5874*	
	Valeur des Biens	3224000	1755672000	2082000	205900000	25353000	6595000	1998820000

La Statistique Fiscale et Les Mutations Immobilières en France.

Année 1894.

(De l'Importance des Ventes Ordinaires d'Immeubles.)

2e Tableau.

Numéros d'ordre	Importance des ventes [1]	Ventes d'immeubles urbains		Ventes d'immeubles ruraux		Ventes d'immeubles urbains et ruraux réunis		Toutes ventes réunies	
		Nombre	Total des prix	Nombre	Total des prix	Nombre	Total des prix	Nombre	Total des prix
	1° France.								
1	De 500 Francs et au dessous	23 905	5 509 100	325 162	62 492 600	5 076	1 492 800	354 143	69 494 500
2	De 500 Fr. à 1 000 Fr.	17 166	12 442 900	100 763	69 626 900	5 158	3 777 300	123 087	85 847 100
3	De 1 000 Fr. à 5 000 Fr.	40 583	98 125 200	118 977	245 233 100	10 815	26 552 700	170 375	369 911 000
4	De 5 000 Fr. à 10 000 Fr.	13 598	93 448 500	17 985	115 932 900	2 851	19 794 600	34 434	229 176 000
5	De 10 000 Fr. à 20 000 Fr.	8 768	122 897 400	6 953	95 858 900	1 602	20 743 800	17 323	239 500 100
6	De 20 000 Fr. à 50 000 Fr.	5 596	161 116 800	3 288	96 626 100	977	27 792 800	9 861	285 535 700
7	De 50 000 Fr. à 100 000 Fr.	1 572	107 808 900	727	48 976 100	274	18 300 300	2 573	175 085 300
8	De 100 000 Fr. à 200 000 Fr.	771	105 764 900	242	32 906 700	115	15 839 800	1 128	154 511 400
9	De 200 000 Fr. à 300 000 Fr.	261	61 036 000	50	12 457 800	23	5 244 900	334	78 738 700
10	De 300 000 Fr. à 400 000 Fr.	99	35 144 300	13	4 311 400	9	2 958 600	121	42 434 300
11	De 400 000 Fr. à 500 000 Fr.	61	27 227 300	8	3 622 900	6	2 606 200	75	33 456 400
12	De 500 000 Fr. à 600 000 Fr.	40	21 740 200	3	1 654 300	3	1 728 000	46	25 122 500
13	De 600 000 Fr. à 700 000 Fr.	28	18 119 500	2	1 252 000	3	1 877 900	33	21 249 400
14	De 700 000 Fr. à 800 000 Fr.	18	13 697 700	1	734 000	1	800 000	20	15 231 700
15	De 800 000 Fr. à 900 000 Fr.	9	7 050 600	1	809 000	—	—	10	7 859 600
16	De 900 000 Fr. à 1 000 000 Fr.	8	7 712 000	—	—	—	—	8	7 712 000
17	De 1 000 000 Fr. à 1 100 000 Fr.	6	6 252 000	—	—	—	—	6	6 252 000
18	De 1 100 000 Fr. à 1 200 000 Fr.	4	4 485 700	—	—	1	1 109 900	5	5 595 600
19	De 1 200 000 Fr. à 1 300 000 Fr.	2	2 500 000	—	—	—	—	2	2 500 000
20	De 1 300 000 Fr. à 1 400 000 Fr.	3	3 923 700	—	—	—	—	3	3 923 700
21	De 1 400 000 Fr. à 1 500 000 Fr.	1	1 413 800	—	—	—	—	1	1 413 800
22	De 1 500 000 Fr. à 1 600 000 Fr.	1	1 550 000	—	—	—	—	1	1 550 000
23	De 1 600 000 Fr. à 1 700 000 Fr.	—	—	—	—	—	—	—	—
24	De 1 700 000 Fr. à 1 800 000 Fr.	2	3 530 000	—	—	—	—	2	3 530 000
25	De 1 800 000 Fr. à 1 900 000 Fr.	4	7 463 200	—	—	—	—	4	7 463 200
26	De 1 900 000 Fr. à 2 000 000 Fr.	2	3 940 000	—	—	1	2 000 000	3	5 940 000
27	De 2 000 000 Fr. à 2 500 000 Fr.	3	7 555 800	—	—	1	2 198 500	4	9 754 300
28	De 2 500 000 Fr à 3 000 000 Fr.	1	2 873 900	—	—	—	—	1	2 873 900
29	De 3 000 000 Fr. et au dessus	1	3 083 900	—	—	—	—	1	3 083 900
	Totaux	112 513	947 013 300	574 175	792 494 700	26 916	154 818 100	713 604	1 894 326 100
	2° Algérie.								
1	De 500 Francs et au dessous	901	213 800	11 152	2 598 200	176	55 000	12 229	2 867 000
2	De 500 Fr. à 1 000 Fr.	468	341 800	2 239	1 510 200	64	49 300	2 771	1 901 300
3	De 1 000 Fr. à 5 000 Fr.	970	2 526 000	1 822	4 146 300	220	621 900	3 012	7 294 200
4	De 5 000 Fr. à 10 000 Fr.	361	2 522 000	373	2 614 400	83	585 800	817	5 722 200
5	De 10 000 Fr. à 20 000 Fr.	258	3 553 000	198	2 832 100	44	580 000	500	6 965 100
6	De 20 000 Fr. à 50 000 Fr.	158	4 965 400	118	3 482 900	33	933 400	304	9 381 700
7	De 50 000 Fr. à 100 000 Fr.	39	2 747 100	31	2 005 400	13	853 500	83	5 606 000
8	De 100 000 Fr. à 200 000 Fr.	18	2 535 900	11	1 499 700	2	249 600	31	4 285 200
9	De 200 000 Fr. à 300 000 Fr.	2	485 300	1	225 000	1	300 000	4	1 010 300
10	De 300 000 Fr. à 400 000 Fr.	2	668 800	—	—	—	—	2	668 800
11	De 400 000 Fr. à 500 000 Fr.	1	450 000	—	—	—	—	1	450 000
12	De 500 000 Fr. à 600 000 Fr.	—	—	—	—	—	—	—	—
13	De 600 000 Fr. à 700 000 Fr.	1	675 000	—	—	—	—	1	675 000
14	De 700 000 Fr. à 800 000 Fr.	—	—	1	735 400	—	—	1	735 400
15	De 800 000 Fr. à 900 000 Fr.	—	—	—	—	—	—	—	—
16	De 900 000 Fr. à 1 000 000 Fr.	—	—	—	—	—	—	—	—
	Totaux	3 179	21 684 100	15 941	21 649 600	636	4 228 500	19 756	47 562 200

[1] Il est extrêmement intéressant de rapprocher du tableau général sur l'importance des Ventes immobilières en France le tableau donné par le Compte de la Justice civile des Ventes Judiciaires et devant notaires de cette même année 1894. Voici ce Tableau:

Ventes	Au dessous de 500 F.	de 501 F. à 1000 F.	de 1001 F. à 2000 F.	de 2001 F. à 5000 F.	de 5001 F. à 10 000 F.	Au dessus de 10 000 F.	Total
Nombre Devant le Tribunal	1 479	1 219	2 638	3 080	2 217	3 953	14 027
Nombre Devant notaires	765	1 091	1 907	3 410	2 820	2 673	12 166
Valeur totale	601 423 F.	1 738 368 F.	5 943 438 F.	21 338 143 F.	32 181 028 F.	347 244 927 F.	409 047 322

IIIème Série.

La Statistique Fiscale et les Rapports entre Epoux.

1er Tableau.

Contrats de Mariage — Donations par Contrat de Mariage — Donations entre époux — Successions entre époux — de 1872—1901.

Années	Contrats de Mariage			Donations par Contrat de Mariage		Donations entre Epoux		Successions entre Epoux			Valeurs de Communauté
	Nombre des (A) Mariages (V. p. 26)	Nombre des (B) contrats de Mariage (V. p. 26)	Valeurs sur lesquelles les contrats ont porté	Nombre	Valeurs	Nombre	Valeurs	Nombre de Mariages dissous par la mort (A) (V. p. 26)	Nombre de Successions échues à un conjoint	Valeurs des Biens	
1	2	3	4	5	6	7	8	9	10	11	12
1872	352 754	122 455	—	—	—	—	3 187 000	245 238	—	373 032 378	
1873	321 238	149 847	—	—	—	—	4 779 000	255 510	—	370 030 000	
1874	303 113	129 507	—	—	—	—	4 624 000	245 708	—	388 596 000	
1875	300 427	127 697	1 892 864 000	—	—	—	2 825 000	264 021	—	407 115 000	
1876	291 393	122 537	—	—	—	—	3 674 000	262 621	—	459 233 000	
1877	278 094	117 224	—	—	—	—	4 487 000	251 643	—	442 067 000	
1878	279 580	120 089	—	—	—	1 038	3 961 000	251 471	168 437	472 027 000	
1879	282 776	118 275	—	—	—	1 175	3 902 000	265 647	172 282	489 546 000	
1880	279 046	115 559	1 831 655 000	—	—	1 064	5 012 000	262 299	175 025	518 942 000	
1881	282 079	114 138	—	—	—	844	3 482 000	256 404	158 941	511 658 000	
1882	281 060	110 397	—	103 096	563 096 000	859	4 805 000	260 265	164 691	505 603 000	
1883	284 519	109 784	…	101 829	582 550 000	891	4 613 286	262 712	164 365	515 787 000	
1884	289 555	108 999	—	101 612	559 661 000	994	4 228 000	265 507	160 934	534 976 000	
1885	283 170	106 764	1 789 305 000	97 932	558 155 000	950	3 340 000	260 442	166 311	538 850 000	
1886	283 208	105 565	—	97 640	552 458 000	785	4 248 000	263 916	166 735	520 707 000	
1887	277 060	102 472	—	90 624	551 291 000	812	3 668 000	263 739	166 614	521 136 000	
1888	276 848	100 109	—	87 720	522 972 000	805	2 671 000	264 926	163 964	524 390 000	
1889	272 903	96 115	—	85 231	528 364 000	771	3 365 000	254 362	154 475	513 806 000	
1890	269 332	94 072	1 715 363 000	81 569	513 847 000	794	3 377 000	278 971	163 941	564 561 000	
1891	285 458	96 331	1 758 058 000	85 815	555 421 000	700	3 173 000	285 225	197 440	585 564 000	
1892	290 319	96 815	1 755 866 000	85 327	565 615 000	646	2 688 000	281 536	280 653	659 126 000	
1893	287 294	—	—	82 679	531 310 000	605	2 193 000	280 772	259 200	614 102 000	
1894	286 662	86 532	1 207 748 000	80 923	538 507 000	555	2 632 000	269 419	251 064	600 453 000	
1895	282 915	84 997	1 181 538 000	78 908	527 422 000	542	5 201 872	275 673	246 150	626 028 000	
1896	290 171	85 625	1 190 625 000	79 033	536 035 000	513	3 200 000	256 659	225 454	621 507 000	
1897	291 462	88 476	1 158 358 000	78 675	551 084 000	500	2 015 000	244 733	187 591 [1]	602 656 000	
1898	287 179	82 346	1 166 867 000	73 971	549 915 000	455	2 772 000	262 100	186 499	609 272 000	2 341 002 000 [2]
1899	295 752	84 913	1 161 858 000	74 906	567 390 000	443	2 247 564	265 903	185 687	622 682 000	2 449 324 000
1900	299 084	84 006	1 229 078 000	76 374	557 106 000	399	2 319 188	285 695	207 190	767 966 000	
1901	303 469 [3]	83 279	1 209 453 000	65 532	559 106 000	370	3 193 027	262 895 [3]	177 610	582 086 000	

[1] Depuis 1897, ce nombre est décomposé, dans nos Statistiques fiscales, en trois éléments distincts: 1° époux appelés en qualité d'héritiers légaux (Loi du 9 mars 1891); 2° époux appelés à défaut d'autres héritiers *(ab intestat)* (art. 767 du Code Civil); 3° époux légataires ou donataires après décès. Ce dernier élément l'emporte de beaucoup sur les deux autres, au point de vue des valeurs; il représente environ les 5/6 du total. Au point de vue du nombre des dispositions, c'est le premier élément qui l'emporte. En 1897, sur 187 591 successions entre époux, 103 215, représentant une valeur de 100 000 000, en chiffres ronds, ont été recueillies à titre d'usufruit légal; 83 687, représentant une valeur de 501 800 000, l'ont été à titre de légataire ou de donataire; 789 seulement, représentant une valeur de 1 million, l'ont été à titre d'héritier ab intestat. Ces indications n'ont, malheureusement, été publiées qu'une fois, pour la seule année 1897. Il serait désirable qu'elle fûssent publiées chaque année.

[2] Les deux chiffres donnés pour 1898 et 1899 ont été obtenus par des enquêtes spéciales. Ils représentent environ le 1/3 des valeurs successorales totales; (en 1898: 6 621 298 000 et en 1899: 6 766 381 000). Ce chiffre considérable des valeurs de communauté s'explique par le grand nombre de *contrats* — avec régime de communauté — et surtout par le nombre plus grand encore des *mariages sans contrat*. — Nous donnons, dans un 2me tableau, le relevé des différents régimes matrimoniaux dénombrés en 1898.

[3] Il faut rapprocher le nombre des divorces du nombre des mariages et de celui des mariages dissous par la mort. Ce nombre a dépassé: 5000 par an en 1890, 1891, 1892; 6000 en 1893, 1894, 1895; 7000 en 1896, 1897, 1898, 1899, 1900 et 1901.

(A) Le nombre des mariages et celui des mariages dissous par la mort (colonnes 2 et 9) ne sont pas donnés, il est à peine besoin de le dire, dans nos Statistiques fiscales. C'est là, nous semble-t-il, une lacune. Il serait facile de la combler, en empruntant ces nombres, comme nous le faisons nous même, à la „Statistique annuelle du mouvement de la population" publiée par le Ministère du Commerce.

(B) Le nombre des contrats de mariage que nous donnons dans cette colonne 3 est emprunté à nos Statistiques fiscales. C'est le nombre relevé par les receveurs de l'Enregistrement. Son exactitude ne peut guère être mise en doute. Tous les contrats de mariage sont nécessairement des actes notariés (art. 1394 du Code Civil) et, à ce titre, ils sont nécessairement aussi enregistrés. Rien n'est plus facile que d'en dégager le nombre exact en relevant le produit des droits qu' ils ont supporté. — Le Ministère du Commerce fait également relever annuellement, par les soins des mairies, le nombre des contrats de mariage. Les futurs époux étant obligés de déclarer à l'Officier de l'Etat civil qui célèbre le mariage s'ils ont ou non fait un contrat de mariage et devant quel notaire.

Mais nous avons le regret de constater que les nombres du Ministère du Commerce diffèrent assez sensiblement de ceux de l'Administration de l'Enregistrement. (V. Statistique annuelle du mouvement de la population. (1900—1901) Introduction p. 98.) Ils leurs sont habituellement très inférieurs. Ils ne sont supérieurs que trois fois, sur les trente années comprises dans notre tableau, en 1872, en 1894 et en 1897. Il nous parait inutile de les donner ici. Ils sont exposés manifestement à beaucoup plus de causes d'erreurs que les autres.

Cependant, il importe d'observer que les chiffres du Ministère du Commerce, comme ceux de l'Administration de l'Enregistrement, accusent le phénomène curieux de la diminution progressive du nombre des contrats de mariage dans notre pays.

Le nombre des contrats de mariage pourrait être demandé à une troisième source d'information, la Statistique des actes notariés dressée par le Ministère de la Justice, dans la publication annuelle, le *Compte général de la Justice Civile et Commerciale.* On trouvera une Statistique détaillée de ces actes dans le *Compte* de 1876. Mais là encore nous relevons un défaut de concordance, en ce qui concerne les contrats de mariage, entre la Statistique fiscale et la Statistique des actes notariés. Celle-ci accuse, pour l'année 1876, 125 420 contrats de mariage tandis que la première en a constaté seulement 122 537 et que celle du Ministère du Commerce en comptait 116 940. Nous n'hésitons pas à préférer au chiffre de la Statistique notariale dressée avec le concours de 9200 notaires environ, celui de la Statistique fiscale dressée par 2800 receveurs de l'Enregistrement et appuyée sur le Compte rendu obligatoire des produits de l'Impot.

Mais combien de telles divergences dans le dénombrement d'actes relativement peu nombreux font éclater le défaut de centralisation et de coordination dans la confection et la publication de nos statistiques françaises! Quand voudra-t-on chercher et appliquer les moyens d'y rémédier, sans, d'ailleurs, porter atteinte á l'autonomie nécessaire des services et sans se priver du controle utile qu'ils peuvent exercer les uns sur les autres, quand les mêmes faits tombent sous l'observation de plusieurs d'entre eux?

La Statistique Fiscale et les Rapports entre Epoux.

2ème Tableau.

(Les Régimes Matrimoniaux)

en 1898.

Nature des Régimes Matrimoniaux			Nombre de Contrats de Mariage ayant adopté ces divers régimes
Régime de la Communauté		Communauté légale (Art. 1400—1496 du Code Civil)	866
		Communauté réduite aux acquêts (Art. 1498—1499 du Code Civil)	67 288
		Communauté universelle (Art. 1526 du Code Civil) .	258
Régime sans Communauté		Clause exclusive de communauté (Art. 1530—1535 du Code Civil)	1 694
		Clause de séparation de biens (Art. 1536—1539 du Code Civil)	2 128
	Régime dotal	Sans biens paraphernaux (Art. 1540 à 1573 du Code Civil)	2 703
		Avec biens paraphernaux (Art. 1574 à 1580 du Code Civil)	2 849
		Avec société d'acquêts (Art. 1581 du Code Civil)	4 560
		Total . . .	82 346 [1])

[1]) Il convient de rappeler ici qu'en 1898 le nombre des mariages, en France, a été de 287 179 et que les valeurs sur lesquelles ces contrats ont porté ont atteint le chiffre de 1 166 867 000 Fr.

La Statistique Fiscale et les Rapports entre epoux.

3ème Tableau.

Répartition, par département, des Contrats de Mariage et des Régimes Matrimoniaux

en 1898.

Départements	Population totale (Dénombrement de 1896)	Nombre des Mariages	Nombre des Divorces	Régimes de Communauté: Communauté légale	Régimes de Communauté: Communauté réduite aux acquêts	Régimes de Communauté: Communauté universelle	Régimes sans Communauté: Clause exclusive de Communauté	Régimes sans Communauté: Clause de séparation de Biens	Régimes dotaux: Sans Biens Paraphernaux	Régimes dotaux: Avec Biens Paraphernaux	Régimes dotaux: Avec Société d'Acquêts	Total des Contrats de Mariage
Ain	351 291	2 512	40	3	1 532	—	2	8	—	2	5	1 552
Aisne	540 312	3 993	199	3	1 130	—	—	15	—	—	3	1 151
Allier	428 052	3 183	47	12	1 142	—	1	8	1	—	3	1 167
Alpes (Basses-)	117 619	730	11	5	18	1	—	5	67	151	102	349
Alpes (Hautes-)	111 721	676	9	1	22	1	1	4	115	117	78	334
Alpes-Maritimes	288 680	1 761	57	7	67	—	—	88	8	41	29	190
Ardèche	360 663	2 612	17	8	453	2	32	14	339	218	137	1 203
Ardennes	318 756	2 369	102	6	350	4	—	6	—	—	—	366
Ariège	212 028	1 404	8	4	363	1	159	40	18	19	15	614
Aube	250 864	1 719	77	8	339	—	1	23	—	—	—	371
Aude	308 560	2 288	29	3	137	4	114	27	42	51	28	406
Aveyron	386 393	2 668	17	6	294	2	130	42	212	488	140	1 314
Bouches-du-Rhône	680 038	4 954	163	18	90	4	13	51	33	101	92	487
Calvados	415 688	3 006	78	14	866	1	3	32	—	—	316	1 232
Cantal	224 717	1 721	17	8	340	2	89	21	70	56	326	912
Charente	359 332	2 616	46	4	946	19	—	15	—	2	5	991
Charente-Inférieure	451 420	3 314	95	3	1 042	4	4	15	—	—	—	1 068
Cher	347 269	2 572	21	—	526	—	3	8	1	—	—	538
Corrèze	310 386	2 498	7	—	1 336	—	16	10	5	11	72	1 450
Corse	281 543	1 553	14	14	17	—	11	5	61	32	20	160
Côtes-d'Or	366 551	2 416	66	4	648	—	1	9	—	—	2	664
Côtes-du-Nord	602 657	4 298	7	26	109		—	4	1	—	1	141
Creuse	258 244	2 124	18	—	1 004	—	—	7	—	1	8	1 020
Dordogne	461 860	3 575	52	—	1 983	1	3	9	—	1	3	2 000
Doubs	300 698	2 078	54	1	375	1	—	14	—	—	1	392
Drôme	299 248	2 053	53	2	705	2	62	23	253	25	159	1 231
Eure	339 433	2 413	150	5	830	6	2	21	1	—	149	1 014
Eure-et-Loir	278 250	2 019	40	—	721	—	—	4	—	—	—	725
Finistère	728 590	5 594	30	72	546	1	—	5	—	—	—	624
Gard	413 841	3 084	55	4	196	3	37	39	150	388	135	952
Garonne (Haute-)	451 203	3 089	69	15	1 130	4	27	94	18	30	125	1 443
Gers	249 238	1 566	24	2	892	1	16	22	4	9	50	996
Gironde	808 853	6 255	189	3	2 598	2	—	43	1	3	20	2 670
Hérault	468 336	3 625	67	6	63	—	10	13	110	435	—	637
Ille-et-Vilaine	619 101	4 633	31	24	219	—	2	3	—	—	2	250
Indre	287 284	2 036	27	15	396	—	2	3	—	—	1	417
Indre-et-Loire	337 424	2 340	61	1	538	—	—	2	—	1	1	543
Isère	565 562	4 153	99	7	1 859	2	18	35	254	29	541	2 745
Jura	264 391	1 815	33	2	655	—	1	7	—	—	2	667
Landes	292 844	2 238	12	—	814	—	—	5	1	1	6	827

Départements	Population totale (Dénombrement de 1896)	Nombre des Mariages	Nombre des Divorces	Régimes de Communauté: Communauté légale	Régimes de Communauté: Communauté réduite aux acquêts	Régimes de Communauté: Communauté universelle	Régimes sans Communauté: Clause exclusive de Communauté	Régimes sans Communauté: Clause de séparation de Biens	Régimes dotaux: Sans Biens Paraphernaux	Régimes dotaux: Avec Biens Paraphernaux	Régimes dotaux: Avec Société d'Acquêts	Total des Contrats de Mariage
Loir-et-Cher	277 154	1 970	29	—	729	—	1	3	—	—	2	735
Loire	624 056	5 081	102	2	2 586	1	135	11	—	1	1	2 687
Loire (Haute-)	310 112	2 325	18	3	564	1	319	17	336	103	261	1 604
Loire-Inférieure	644 222	4 713	76	16	247	—	1	18	—	—	—	282
Loiret	368 947	2 506	41	—	1 086	—	—	2	—	—	1	1 089
Lot	238 313	1 522	19	—	1 008	2	27	17	1	2	11	1 063
Lot-et-Garonne	284 612	1 838	43	—	1 387	—	1	13	—	—	7	1 408
Lozère	128 962	855	2	9	78	1	49	86	173	35	37	468
Maine-et-Loire	513 030	3 882	57	1	310	—	—	8	—	—	—	319
Manche	496 602	3 555	44	7	1 604	—	2	24	—	2	85	1 724
Marne	439 985	3 095	115	—	664	—	—	16		2	1	683
Marne (Haute-)	231 314	1 492	32	—	185	1	1	7	—	—	—	194
Mayenne	320 467	2 378	30	9	154	—	—	4	—	—	1	168
Meurthe-et-Moselle	465 459	3 490	73	—	414	—	—	14	—	—	2	430
Meuse	289 411	1 812	55	3	260	—	—	2	—	—	1	266
Morbihan	548 475	3 504	23	25	81	2	—	12	—	—	2	122
Nièvre	330 375	2 255	36	9	411	—	1	6	—	—	—	427
Nord	1 809 993	15 509	281	150	3 840	126	11	35	—	—	—	4 162
Oise	404 091	3 123	118	4	776	1	—	19	—	—	1	801
Orne	338 814	2 316	60	3	734	1	2	10	—	—	28	778
Pas-de-Calais	900 384	7 286	166	127	2 311	36	1	24	1	—	—	2 500
Puy-de-Dôme	541 114	3 752	39	1	1 761	3	31	13	33	21	619	2 482
Pyrénées (Basses-)	422 430	2 610	20	6	819	—	5	14	40	26	46	956
Pyrénées (Hautes-)	216 296	1 271	17	6	446	—	1	8	8	17	77	563
Pyrénées-Orientales	206 553	1 749	35	6	97	1	26	7	2	2	10	151
Rhône	837 463	6 310	309	5	2 537	5	75	59	13	—	87	2 781
Saône (Haute-)	271 765	1 927	33	1	209	—	2	11	—	—	—	223
Saône-et-Loire	619 036	4 988	93	6	1 721	—	—	7	—	1	3	1 738
Sarthe	424 590	3 136	73	1	868	—	—	13	—	—	—	882
Savoie	256 043	1 724	12	8	231	4	18	36	13	9	23	342
Savoie (Haute-)	262 139	1 724	18	11	111	—	4	42	8	4	3	178
Seine	3 308 007	31 121	1843	27	3 656	3	20	486	4	1	47	4 244
Seine-Inférieure	829 364	6 399	248	1	940	—	2	27	5	5	390	1 370
Seine-et-Marne	359 207	2 644	88	32	661	—	1	19	1	—	3	717
Seine-et-Oise	667 542	5 181	215	—	1 085	1	2	36	—	—	4	1 128
Sèvres (Deux-)	345 068	2 620	45	18	381	—	7	7	—	—	1	414
Somme	540 415	3 962	149	1	1 248	1	3	21	—	—	1	1 275
Tarn	334 872	2 286	23	7	307	—	91	104	136	216	119	980
Tarn-et-Garonne	199 770	1 295	23	3	680	—	54	72	21	17	35	882
Var	308 456	2 060	57	1	58	—	1	18	33	48	38	191
Vaucluse	235 049	1 741	58	6	98	—	87	9	119	33	86	388
Vendée	441 246	3 134	9	2	265	—	2	5	—	—	1	275
Vienne	337 795	2 391	26	2	274	—	—	4	—	—	—	280
Vienne (Haute-)	368 727	2 907	34	2	1 200	—	1	4	1	2	4	1 214
Vosges	420 688	3 105	73	7	224	—	—	3	—	—	—	234
Yonne	330 969	2 115	81	27	752	—	—	6	—	—	—	785
Totaux	38 269 011 habitants	287 179	7238	866	67 288	258	1694	2128	2703	2849	4560	82 346

IVème Série.

La Statistique Fiscale des Successions et la Composition du patrimoine des particuliers en France.

1er Tableau.

Les Variations de l'Annuité successorale et de ses principaux éléments de 1826 à 1902.[1])

§ I

Années	Nombre des décès[2])	Annuité totale	Meubles	Immeubles
1826	837 610	1 337 300 000	457 000 000	880 300 000
1830	808 400	1 451 100 000	508 100 000	943 000 000
1835	816 413	1 540 300 000	554 000 000	986 000 000
1840	808 989	1 608 500 000	609 000 000	999 500 000
1845	741 954	1 742 000 000	659 800 000	1 082 400 000
1849	973 471	1 889 600 000	785 500 000	1 154 100 000

§ II

Années	Nombre des décès	Annuité totale	Rente française	Fonds publics et actions étrangers	Meubles corporels et créances	Total des meubles	Immeubles
1850	761 610	2 025 300 000	9 800 000	3 800 000	791 400 000	805 000 000	1 220 200 000
1855	937 942	2 406 900 000	92 800 000	15 600 000	869 500 000	977 900 000	1 428 900 000
1860	781 635	2 723 900 000	109 000 000	30 200 000	1 040 700 000	1 180 000 000	1 543 900 000
1865	921 887	3 029 000 000	136 500 000	55 800 000	1 182 100 000	1 374 500 000	1 654 500 000
1870	1 046 909	3 372 200 000	128 400 000	47 300 000	1 378 800 000	1 549 500 000	1 822 700 000

§ III

Années	Nombre des décès	Annuité totale	Fonds d'état français et étrangers	Valeurs mobilières françaises et étrangères	Meubles corporels et créances	Total des biens meubles	Immeubles	Valeurs mobilières françaises soumises au Droit de transmission	Valeurs mobilières françaises soumises au timbre par abonnement	Revenu des valeurs mobilières françaises et étrangères soumises à la taxe de 3% jusqu'en 1891 et de 4% depuis cette époque	Capital des valeurs soumises à l'impôt de 3 et 4%
1875	845 062	4 253 600 000	236 300 000	289 300 000	1 511 300 000	2 037 000 000	2 216 600 000	9 042 000 000	20 081 000 000	1 155 000 000	28 875 000 000
1880	858 237	5 265 600 000	339 300 000	488 100 000	1 650 100 000	2 477 600 000	2 787 900 000[3])	12 784 000 000	24 704 000 000	1 303 000 000	32 575 000 000
1885	836 897	5 406 900 000	315 400 000	625 700 000	1 681 600 000	2 622 800 000	2 784 100 000	14 561 000 000	29 864 000 000	1 528 900 000	38 232 500 000
1890	876 505	5 811 200 000	467 100 000	893 700 000	1 528 100 000	2 889 000 000	2 922 100 000	15 989 000 000	30 291 000 000	1 693 100 000	42 327 500 000
1895	851 986	5 976 100 000	1 592 400 000		1 340 700 000	2 933 200 000	3 042 900 000	16 700 000 000	27 965 000 000	1 639 600 000	40 990 000 000

§ IV

Années	Nombre des décès	Nombre des successions déclarées	Nombre des successibles	Annuité totale	Fonds d'état français et étrangers	Valeurs mobilières françaises et étrangères	Meubles corporels et créances	Total des biens meubles	Immeubles	Valeurs mobilières françaises et étrangères soumises au droit de transmission	Valeurs mobilières françaises et étrangères soumises au timbre par abonnement	Revenu des valeurs mobilières françaises et étrangères soumises à la taxe de 3% jusqu'en 1891 et de 4% depuis cette époque	Capital des valeurs mobilières soumises à la taxe de 3 et 4%
1896	771 886	460 444	1 247 195	5 495 498 000	438 958 000	1 072 757 000	1 229 597 000	2 741 318 000	2 754 185 000	19 596 100 000	34 358 000 000	1 573 199 000	39 320 000 000
1897	751 019	—	—	5 621 698 000	—	—	—	—	—	20 353 500 000	30 506 000 000	1 711 826 000	42 795 000 000
1898	810 073	430 810	[4])	5 701 481 825	584 893 000	1 207 000 000	1 247 710 000	3 040 598 000	2 660 000 000	21 162 500 000	32 406 000 000	1 754 015 000	43 850 000 000
1899	816 233	418 382	—	5 836 217 000	600 185 000	1 299 600 000	1 312 275 000	3 212 000 000	2 624 000 000	22 457 000 000	33 377 000 000	1 855 662 000	46 391 000 000
1900	853 285	534 313	1 450 148	6 736 938 000	—	—	—	—	—	23 706 400 000	34 012 000 000	1 972 372 000	49 309 000 000
1901	784 876	451 498	1 190 065	5 441 438 000	—	—	—	—	—	24 442 800 000	35 407 000 000	2 040 100 000	51 000 000 000
1902	—	376 819[5])	—	5 375 394 000	—	—	—		—	24 317 800 000	—	1 973 400 000	49 335 000 000

[1]) L'évaluation et la détermination détaillée des éléments constitutifs du patrimoine des particuliers peuvent être obtenues à l'aide de la Statistique portant sur deux catégories d'impots:

1° les impots sur le revenu;

2° les impots sur les Successions. Les indications fournies par la Statistique de ces deux sortes d'impots sont très distinctes. Elles sont de portée différente et de valeur inégale. —

Nous inclinerions à attribuer une valeur plus grande aux indications dégagées par la Statistique de l'impot sur les Successions. Ce sont, dans tous les cas, les seules que nous possédions en France et que nous puissions songer à utiliser. Il nous a paru que la longueur de la période 1826—1902 nous permettait de donner seulement les résultats d'un année sur cinq, de 1826 à 1896 et les résultats annuels de 1896 à 1902.

Les § en lesquels nous avons divisé ce tableau correspondent à des périodes assez distinctes de l'histoire politique et économique de la France. Ils correspondent aussi au nombre variable des données que nous pouvons fournir suivant les époques. Nous espérons avoir utilement complété, par les chiffres relatifs aux Impots de timbre, de transmissions et sur le revenu, les indications propres à la Statistique des Successions.

Jusqu'à ces dernières années, ces indications étaient relativement très restreintes. Jusqu'en 1898, nous connaissions seulement:

1° depuis 1878, le nombre annuel des Successions déclarées;

2° le montant des valeurs taxées comprises dans ces Successions, meubles et immeubles, depuis 1826;

3° et, depuis 1890, la répartition de ces valeurs en 4 catégories:

a) fonds d'Etat francais et étrangers;
b) valeurs mobilières françaises et étrangères;
c) meubles corporels et meubles incorporels (créances de toute nature)
d) immeubles.

L'Administration de l'enregistrement s'est enfin décidée, il y a quatre ans, a faire une enquête spéciale sur les différentes espèces de biens qui composent l'annuité successorale francaise et sur le nombre des Successions dans lesquelles se rencontrent ces biens. Cette enquête a porté sur les années 1898 et 1899. Mais si intéressants que soient les résultats qu'elle a donnés, elle a l'inconvénient de porter sur un trop petit nombre d'années. Elle n'a de valeur qu'au point de vue du temps présent, au point de vue statique. Les anciennes Statistiques qui remontent à 1826 (v. Bulletin de Stat. et de législat. comp. T. I p. 24, T. 3 p. 343, T. 15 p. 540, T. 17 p. 404 etc.) empruntent au contraire une grande valeur à la longue période de temps sur laquelle elles s'étendent. Et, quoique peu détaillées, leurs données ont, à certains égards, une très grande importance. C'est ainsi qu'elles font clairement apparaitre:

1° l'accroissement continu de l'annuité successorale totale;

2° l'accroissement assez régulier, mais relativement lent, de l'annuité successorale immobilière;

3° l'accroissement régulier et très rapide de l'annuité successorale mobilière. Cet accroissement donne le démenti le plus éclatant à la vieille maxime „res mobilis res vilis" sur laquelle sont fondées de nombreuses dispositions de notre Code Civil.

[2]) Nous empruntons le nombre des décès à la Statistique annuelle du mouvement de la population publiée par le Ministère du Commerce. — (V. notamment les T. 29 et 30, afférents aux années 1899 et 1900 — p. XVI—XVII— et le T. 31, relatif à l'année 1901, p. 1. — Tableau du mouvement de la population en France, de 1801 à 1900)

[3]) L'accroissement sensible de l'annuité successorale immobiliére de 1879 et 1880 est du, en grande partie, à la loi du 21. Juin 1879, qui a porté de 20 à 25 le taux de capitalisation des immeubles ruraux.

[4]) Le nombre des seuls successibles en ligne directe, en 1898, a été de 700 000 environ. — Ce chiffre nous est donné par une enquête qui a eu pour but de déterminer le nombre — par famille — des enfants appelés à succéder à leurs parents.

Voici les résultats de cette enquête:

En 1898, il a été déclaré 281 353 successions au profit d'héritiers en ligne directe.

93 580,	d'une valeur de	1 072 885 646	sont échues à	1	enfant.
77 239,	id.	1 059 634 869	id.	2	-
47 942,	id.	617 847 367	id.	3	-
28 019,	id.	308 517 264	id.	4	-
16 237,	id.	238 619 025	id.	5	-
9 275,	id.	90 642 962	id.	6	-
9 061,	id.	81 585 573	id.	7	-
281 353		3 469 791 706			

[5]) La diminution très sensible du nombre des Successions déclarées en 1902 n'est qu'apparente. Avant la loi du 25. février 1901, une Succession donnait lieu à un nombre de déclarations égal à celui des cantons dans lesquels se trouvaient situés les biens qui la composaient. Aujourd'hui, la déclaration est toujours unique. Le Chiffre de 1902 est donc le chiffre exact. Ceux des anné s antérieures sont tous majorés dans une proportion qui ne doit pas s'éloigner d'un cinquième.

La Statistique Fiscale des Successions et la composition du patrimoine des particuliers en France.

2e Tableau.

Les éléments détaillés de l'annuité successorale en 1898 et 1899.[1])

Numéros d'ordre	Nature des Biens	1898 Valeur des Biens	1898 Nombre des Successions dans lesquelles se trouvent les biens	1899 Valeur des Biens	1899 Nombre des Successions dans lesquelles se trouvent les biens
	Nombre total des décès	810 073		816 233	
	Nombre des successions déclarées	430 810		418 382	
	Meubles				
	I. Valeurs Mobilières				
1	Rentes françaises	491 849 746	27 131	480 969 182	26 360
2	Rentes étrangères	187 404 224	5 561	214 873 109	5 722
3	Actions des Sociétés françaises . .	475 301 297	12 230	446 297 145	13 005
4	Actions des Sociétés étrangères . .	82 709 785	2 090	132 842 547	1 945
5	Obligations françaises (Sociétés, Départements, Communes et Etablissements Publics)	576 603 480	19 527	577 552 101	20 547
6	Obligations étrangères (Villes, Sociétés, provinces et corporations)	170 866 708	4 391	229 105 283	4 757
7	Parts d'intérêts et Commandites simples (Sociétés françaises) . .	96 522 295	1 145	118 384 782	1 142
8	Parts d'intérêts et Commandites simples (Sociétés étrangères) . .	874 025	235	2 547 202	63
	Total des Valeurs Mobilières	2 082 131 560	72 310	2 202 571 351	73 541
	II. Autres Biens Meubles				
9	Numéraire	79 263 099	47 801	80 531 795	47 871
10	Assurances sur la vie	37 856 985	2 879	42 706 878	2 951
11	Dépôts et Comptes-Courants dans les Banques	111 453 726	6 074	120 825 754	5 768
12	Livrets des Caisses d'Epargne et de la Caisse des retraites pour la vieillesse	76 719 451	62 643	76 302 021	65 018
13	Créances (Rentes sur particuliers, prix d'office	826 224 801	133 144	846 851 796	138 834
14	Fonds de Commerce et marchandises y attachées	83 385 264	9 128	116 575 808	9 569
15	Meubles corporels . , ...	234 101 767	247 463	237 628 813	238 514
	Total des Meubles autres que les Valeurs Mobilières . .	1 449 005 093	509 132	1 521 422 865	508 525
	Total général des Meubles . .	3 531 136 653	581 442	3 723 994 216	582 066
	II. Immeubles				
16	Immeubles urbains	1 570 351 389	96 812	1 588 180 841	95 787
17	Immeubles ruraux	1 519 810 899	246 554	1 454 206 534	240 258
	Total des Immeubles . . .	3 090 162 288	343 366	3 042 387 375	336 045
	Total Général	6 621 298 941	924 808	6 766 381 591	918 111

[1]) Nous nous bornons à donner ce tableau des divers éléments des patrimoines privés transmis par succession en France. Nous pourrions en donner la répartition par département. Rien n'est plus instructif que cette répartition, pour ceux qui veulent découvrir, sous la grande unité de notre vie nationale, les manifestations des conditions particulières de la vie économique des différentes régions de la France. Mais nous craignons de fatiguer nos collègues en accumulant ici une trop grande masse de chiffres. Et nous renvoyons ceux qui désireraient connaître cette répartition aux années 1899, (p. 179), et 1900, (p. 189), du Bulletin de Statistique et de Législation Comparée du Ministère des Finances.

La Statistique Fiscale des Successions et la Composition du Patrimoine des particuliers en France.

3ème Tableau.

Actif et passif.

	1901 (4 mois.)			1902 (année entière)		
	Nombre des Successions déclarées	Valeur de l'actif brut	Valeur du passif déduit	Nombre des Successions déclarées	Valeur de l'actif brut	Valeur du passif déduit
Successions sans passif	123 283	1 372 900 000		310 883	3 459 700 000	
Successions avec passif	26 802	719 500 000	170 800 000	65 936 [1]	1 751 400 000	439 070 000
Total	150 085	2 092 400 000		376 819	5 211 100 000	
Passif civil			151 100 000			391 100 000
Passif commercial			19 700 000			47 900 000
Passif hypothécaire			118 032 000 [2]			298 400 000 [2]
Passif chirographaire			52 800 000			140 600 000

[1]) Parmi les successions avec passif, on a distingué, pour l'année 1902: 1° Les successions dont le passif est inférieur à l'actif; 2° celles dont le passif égale ou dépasse l'actif. — Les premières sont au nombre de 52 729, avec un actif brut de 1 637 000 000 et un passif déduit de 325 400 000. — Les secondes sont au nombre de 13 207, avec un actif brut de 113 600 000 et un passif déduit de 113 600 000. Il est possible que cette dernière somme soit inférieure à la réalité. L'administration ayant pensé, à tort semble-t-il, qu'à partir du moment ou l'actif brut se trouvait absorbé, il devenait inutile de déterminer exactement l'intégralité du passif.

[2]) En l'absence d'une Statistique hypothécaire spéciale que nous réclamons en vain depuis longtemps, et en attendant que la nouvelle statistique des formalités hypothécaires, dont les premiers résultats seront bientot publiés, ait pu porter sur un assez grand nombre d'années, le montant du passif héréditaire déduit nous fournit un précieux élément d'évaluation de la dette hypothécaire de la France.

La portion de cette dette hypothécaire annuellement révélée par la déduction du passif dans les Successions parait devoir osciller autour du chiffre de 300 millions. Quel que soit le multiple adopté pour représenter l'intervalle qui s'écoule entre deux transmissions héréditaires, que ce soit 30, 33 ou 35 on arrive à un chiffre voisin de 10 milliards, à quelque centaines de millions près.

Si l'on se reporte aux évaluations antérieures, à celle de 1840 et à celle du 31 X^{bre} 1876 (V. Bulletin de Stat. et de Leg.-Comp. du Ministère des Finances 1878, T. I. p. 217) il apparait que la dette hypothécaire française tendrait à diminuer puisqu'elle aurait passé de 12 et de 14 milliards à 10 milliards environ. L'application de la déduction du passif héréditaire n'est pas d'assez longue durée pour que nous puissions fonder sur ses résultats des conclusions certaines. Mais il y a lieu de remarquer que la diminution du passif hypothécaire est rendue très vraisemblable par un certain nombre d'autres faits, tels que: 1° la diminution du nombre des placements hypothécaires, remplacés par les placements en valeurs mobilières; 2° la diminution de la valeur en capital de la proprieté foncière rurale. — 3° une forte tendance à la diminution des actes notariés. Cette tendance, dont il serait très intéressant d'étudier les causes diverses, est nettement accusée par les rapports annuels du Ministre de la Justice, depuis 1872. (V. Compte général de la Justice civile de 1898 — le tableau et le graphique relatif aux actes notariés de 1840 à 1896.) De 3575000 en 1872, le nombre des actes notariés est tombé à 2739000 en 1899.

La Statistique Fiscale des Successions et l'Importance des Fortunes privées en France.

4e Tableau.

§ I.

Importance des Parts nettes recueillies par les héritiers en 1901 (4 mois).

Catégories de Parts	Nombre des Parts	Valeur des Parts
Parts de 1 à 2 000 Fr.	310 145	150 299 000
Parts de 2 000 à 10 000 Fr.	66 823	272 628 000
Parts de 10 000 Fr. à 50 000 Fr. . . .	21 939	409 040 000
Parts de 50 000 Fr. à 100 000 Fr. . .	3 513	222 136 000
Parts de 100 000 Fr. à 250 000 Fr. . .	2 055	287 775 000
Parts de 250 000 Fr. à 500 000 Fr. . .	616	194 390 000
Parts de 500 000 Fr. à 1 000 000 Fr. .	234	152 796 000
Parts supérieures à 1 000 000 Fr. . . .	118	219 102 000
Totaux . . .	405 443	1 908 166 000

§ II.

Importance des Successions (ramenées à leur actif net) transmises en 1902.

Catégories de Successions	Nombre de Successions	Valeur des Successions
Successions de 1 à 2 000 Fr.	213 378	241 495 000
Successions de 2 000 Fr. à 10 000 Fr. .	97 257	554 175 000
Successions de 10 000 Fr. à 50 000 Fr. .	39 198	903 986 000
Successions de 50 000 Fr. à 100 000 Fr.	6 964	477 418 000
Successions de 100 000 Fr. à 250 000 Fr.	4 250	662 785 000
Successions de 250 000 Fr. à 500 000 Fr.	1 473	513 491 000
Successions de 500 000 Fr. à 1 000 000 Fr.	684	453 692 000
Successions de 1 000 000 Fr. à 5 000 000 Fr.	381	714 187 000
Successions au dessus de 5 000 000 Fr.	27	250 892 000
Totaux . . .	363 612	4 772 121 000

§ III.

Le tableau des parts successorales en 1902 n'ayant pas encore été publié au moment où on imprime ce rapport, (août 1903) nous avons le regret de ne pouvoir le donner ici.

La Statistique Fiscale
et la Répartition Géographique des Fortunes en

(Actif net —

5ème Ta-

(Nous donnons simplement ci-dessous une liste de 24 Départements. Cette liste comprend les 12 et les 12 Départements qu'elle fait apparaître comme les moins riches. — La valeur totale des biens s'élève à 5211100000 Fr.

Départements les plus riches [1]	De 1 à 2000 Fr. Nombre	De 1 à 2000 Fr. Valeurs	De 2001 à 10000 Fr. Nombre	De 2001 à 10000 Fr. Valeurs	De 10001 à 50000 Fr. Nombre	De 10001 à 50000 Fr. Valeurs	De 50001 à 100000 Fr. Nombre	De 50001 à 100000 Fr. Valeurs
Seine	5517	6960961	3271	26840090	3101	98817377	1184	85368382
Nord	4449	6950633	2695	20074171	1408	39010019	291	22283277
Seine-Inférieure	2885	3357915	1305	11535471	1120	34624256	270	16491940
Seine-et-Oise	2789	2244956	1849	10339893	1420	34489429	331	23370053
Rhône	3059	3538353	1877	12330516	956	24569493	188	13858038
Bouches-du-Rhône	2390	3250598	1320	9462093	608	17476620	167	11682153
Gironde	3626	3586622	1805	9928132	846	19419209	206	13207411
Pas-de-Calais	3025	4024095	1768	13944891	776	14661512	118	8214519
Aisne	2732	2747243	1774	11503926	896	22588398	115	8212673
Somme	2871	2991239	1636	9216538	798	16207771	148	9577460
Eure	2119	1570929	1283	6440385	843	14150713	130	8978194
Maine-et-Loire	2946	3315107	1628	9962408	619	14069992	88	7522601
Départements les moins riches								
Corse	926	435592	35	198633	12	214485	1	67404
Hautes-Alpes	976	926454	202	1055893	45	1015107	8	545708
Lozère	1101	1684206	250	1233268	32	869508	—	—
Basses-Alpes	1161	1028626	359	1511850	83	1568781	12	726708
Ariège	2109	2010013	358	1802539	97	1583437	13	824345
Hautes-Pyrénées	1682	2578863	550	2491872	106	2044652	13	717869
Gers	2123	2532118	492	3352741	88	2509349	18	1140669
Lot	2181	2143316	640	2725477	104	2079923	11	563926
Tarn-et-Garonne	1476	2064452	739	3201925	108	3008341	14	1361150
Corrèze	1438	1584943	653	3101296	159	2799578	14	876120
Pyrénées Orientales	1545	1772823	426	2386429	164	3939801	29	1511208
Savoie	2798	2755921	694	3432160	173	3705878	16	1158910

[1]) Les chiffres de ce tableau nous font apparaître d'une façon saisissante l'un des phénomènes économiques et sociaux les plus remarquables que l'on rencontre dans notre pays: c'est la formidable concentration de fortune qui existe dans le département de la Seine, c'est-à-dire à Paris; ils nous montrent que Paris fournit à lui seul plus du quart de l'annuité successorale totale de la France entière. Les capitaux mobiliers tiennent la première place dans cette masse énorme de capitaux accumulés. Il ont atteint, en 1898 et 1899, en chiffres bruts, sans déductions d'aucune sorte, les sommes de 1220092000 Fr. et de 1424000000 Fr. Ce qui ne veut pas dire que l'annuité immobilière soit négligeable, puisqu'elle a atteint, dans ces deux mêmes années, les sommes de 629003000 Fr. et de 659605000 Fr.

Si on rapproche le chiffre de l'annuité successorale à Paris de celui de l'annuité successorale Française, on observe que l'importance de la première va sans cesse grandissant relativement et absolument. Ainsi, durant les années 1898, 1899 et 1902, l'annuité Parisienne est supérieure au $^1/_4$ de l'annuité Française, tandis qu'elle était à peine égale au $^1/_5$ en 1876 et en 1877. (V. à ce sujet Bulletin de Statistique et de législation comparée du Ministère des Finances. Fevrier 1882 p. 109 et sq.)

des Successions
France d'après l'importance des Successions en 1902.

Passif déduit.)

bleau.

Départements que la Statistique des Successions fait apparaître comme les plus riches de France compris dans les successions déclarées en 1902 et soumises au régime nouveau de la loi du 25 fevrier 1901 d'actif brut et à 4772100000 Fr. d'actif net.

Départements	De 100001 à 250000 Fr. Nombre	De 100001 à 250000 Fr. Valeurs	De 250001 à 500000 Fr. Nombre	De 250001 à 500000 Fr. Valeurs	De 500001 à 1000000 Fr. Nombre	De 500001 à 1000000 Fr. Valeurs	De 1000001 à 5000000 Fr. Nombre	De 1000001 à 5000000 Fr. Valeurs	Au dessus de 5000000 Fr. Nombre	Au dessus de 5000000 Fr. Valeurs	Totaux Nombre	Totaux Valeurs
Seine	990	172902592	458	161511353	288	186795276	207	414574285	16	161248986	15027	1315019302
Nord	186	26855791	62	27153812	34	19189095	15	27868183	2	12143556	9142	201528537
Seine-Inférieure	149	21905296	55	18848714	30	20272188	14	30288204	3	17120202	5831	174444186
Seine-et-Oise	189	31623738	87	30271000	19	13049146	4	5864515	—	—	6688	151252730
Rhône	180	20480899	41	14055923	14	9369946	15	28166968	2	19104077	6282	145474213
Bouches-du-Rhône	59	8950281	23	6859531	11	10487047	4	4769675	2	27846851	4584	100784858
Gironde	98	14176658	44	13651280	19	13308961	8	11965265	—	—	6652	99248538
Pas-de-Calais	85	13082473	19	6565758	12	7895083	8	10890566	—	—	5811	79278897
Aisne	80	12398882	20	6497711	2	1924901	2	3977728	1	5578875	5622	75429837
Somme	81	11109592	28	7996536	21	12098922	5	5605643	—	—	5584	74803701
Eure	59	7944787	30	10947530	12	8078677	4	14696588	—	—	4480	72807803
Maine-et-Loire	39	6669269	20	7329528	12	8283580	7	15250359	—	—	5359	72402844
Corse	3	513720	—	—	—	—	—	—	—	—	977	1429834
Hautes-Alpes	1	102113	—	—	—	—	—	—	—	—	1232	3644775
Lozère	3	540359	—		—	—	—	—	—	—	1386	4327341
Basses-Alpes	1	114776	1	261188	—		—	—	—	—	1617	5211989
Ariège	3	361981	—	—	1	646539	—	—	—	—	2581	7288854
Hautes-Pyrénées	5	711449		—	—	—	—	—	—	—	2356	8544705
Gers	4	600298		—	—	—	—	—	—	—	2725	10135175
Lot	6	1033032	5	1703718	—	—	—	—	—	—	2947	10249392
Tarn-et-Garonne	6	887394	2	694159	—	—	—	—	—	—	2345	11217421
Corrèze	8	1362731	—	—	—	—	1	1657720	—	—	2273	11382388
Pyrénées Orientales	10	1692036	—	—	1	746709	—	—	—	—	2175	12049006
Savoie	3	559879	1	431215	1	863920	—	—	—	—	3686	12907889

Ce n'est pas seulement par la masse totale de ses capitaux que Paris se distingue. C'est aussi par leur concentration dans un petit nombre de mains. La grande majorité des grandes fortunes francaises se trouve à Paris. Les chiffres de 1902 le démontrent d'une façon indiscutable, puisque sur 381 successions de 1 millions d'une valeur totale de 714 millions, on en rencontre 207 à Paris dont la valeur dépasse 414 millions. Et le phénomène s'accentue à mesure que l'on s'adresse à des successions plus importantes. Sur 27 successions supérieures à 5 millions, d'une valeur totale de 250800000, Paris, à lui seul, en fournit 16 d'une valeur de 161200000.

Et, à cet égard, les chiffres de l'année 1902, loin d'être exceptionnels, sont, au contraire les plus faibles de ces dernières années. En voici la preuve qui se passe de commentaires:

En 1896, Paris fournit 13 Sucessions supérieures à 5 millions. d'une valeur totale de 203900000 Fr.
- 1897, - - 17 - - - 5 - - - - - - 294900000 -
- 1898, - - 11 - - - 5 - - - - - - 218800000 -
- 1899, - - 20 - - - 5 - - - - - - 330800000 -
- 1900, - - 23 - - - 5 - - - - - - 402700000 -

Vème Série.

La Statistique Fiscale et les Donations entre-vifs en France de 1882 à 1901.[1]

Donations	1882		1883		1884		1885		1886	
	Nombre d'actes	Valeur des biens	Nombre d'actes	Valeur des biens	Nombre d'actes	Valeur des biens	Nombre d'actes	Valeur des biens	Nombre d'actes	Valeur des biens
Entre parents jusqu'au 12e degré . . .	166 741	1 024 120 000	167 297	1 045 600 000	165 769	1 007 000 000	161 806	1 006 000 000	161 306	994 000 000
En ligne directe	158 281	987 140 000	157 881	1 005 600 000	156 489	971 263 000	152 744	970 100 000	152 240	954 600 000
Entre non parents	5 534	17 477 000	5 293	15 900 000	5 333	15 464 000	5 217	15 300 000	5 290	24 060 000
Par contrat de mariage . .	103 096	563 000 000	101 829	582 550 000	101 612	559 660 000	97 932	558 100 000	97 640	552 400 000
Hors contrat de mariage .	70 039	483 300 000	40 760	479 000 000	69 489	462 870 000	69 086	463 300 000	68 955	465 900 000

Donations	1887		1888		1889		1890		1891	
	Nombre d'actes	Valeur des biens	Nombre d'actes	Valeur des biens	Nombre d'actes	Valeur des biens	Nombre d'actes	Valeur des biens	Nombre d'actes	Valeur des biens
Entre parents jusqu'au 12e degré . . .	[illegible]744	981 000 000	147 512	943 000 000	142 155	925 000 000	140 462	922 000 000	143 905	992 000 000
En ligne directe	[illegible]069	942 800 000	139 188	912 500 000	134 270	891 500 000	132 085	887 800 000	136 056	959 100 000
Entre non parents	[illegible]146	17 900 000	5 048	15 400 000	4 734	16 173 000	5 349	15 070 000	5 093	16 745 000
Par contrat de mariage . .	[illegible]624	551 290 000	87 720	522 900 000	85 231	528 800 000	81 569	513 800 000	85 815	555 400 000
Hors contrat de mariage .	[illegible]264	446 800 000	64 839	435 400 000	61 657	413 500 000	64 240	423 300 000	63 181	452 900 000

Donations	1892		1893		1894		1895		1896	
	Nombre d'actes	Valeur des biens	Nombre d'actes	Valeur des biens	Nombre d'actes	Valeur des biens	Nombre d'actes	Valeur des biens	Nombre d'actes	Valeur des biens
Entre parents jusqu'au 12e degré . . .	144 334	996 000 000	137 255	956 000 000	135 916	975 000 000	134 450	970 000 000	133 977	942 000 000
En ligne directe	136 407	959 000 000	130 256	925 000 000	128 845	942 300 000	127 496	932 800 000	127 215	907 900 000
Entre non parents	4 807	16 900 000	4 502	22 400 000	4 500	19 700 000	4 589	24 360 000	4 146	14 600 000
Par contrat de mariage . .	85 327	565 600 000	82 679	531 800 000	80 923	538 500 000	78 908	527 400 000	79 033	536 035 000
Hors contrat mariage . .	63 816	446 500 000	59 077	446 700 000	59 493	456 200 000	60 172	467 120 000	59 090	420 700 000

Donations	1897		1898		1899		1900		1901	
	Nombre d'actes	Valeur des biens	Nombre d'actes	Valeur des biens	Nombre d'actes	Valeur des biens	Nombre d'actes	Valeur des biens	Nombre d'actes	Valeur des biens
Entre parents jusqu'au 12e degré . . .	[illegible]869	963 000 000	129 617	1 003 000 000	127 807	969 000 000	127 271	1 001 000 000	111 070	1 029 000 000
En ligne directe	[illegible]708	980 900 000	123 138	972 700 000	121 564	940 300 000	120 882	967 800 000	106 015	1 001 000 000
Entre non parents	[illegible]179	15 500 000	4 043	14 100 000	3 922	15 000 000	3 920	12 300 000	3 217	12 060 000
Par contrat de mariage . .	[illegible]675	551 900 000	73 971	549 900 000	74 906	567 300 000	76 374	557 100 000	65 532	559 106 000
Hors contrat mariage . .	[illegible]873	427 500 000	59 689	467 300 000	56 823	416 600 000	54 817	461 600 000	48 755	482 100 000

[1]) Ce Tableau se relie étroitement à ceux que nous consacrons à la Statistique fiscale des Successions. Il en est le complément nécessaire. Il fait apparaître bien clairement deux phénomènes qu'il y a intérêt à observer: 1° Les donations en ligne directe représentent, en France, plus des 9/10 de la totalité des donations. Or, les donations de cette espèce sont incontestablement des transmissions héréditaires anticipées. 2° C'est dans le contrat de mariage, c'est à dire, sans nul doute, en vue de favoriser le mariage, que s'opère la majeure partie des donations.

www.ingramcontent.com/pod-product-compliance
Lightning Source LLC
LaVergne TN
LVHW012021160826
845678LV00002B/951

* 9 7 8 2 3 2 9 6 5 0 6 6 1 *